教育部世行贷款21世纪初高等教育教学改革项目研究成果

北京市高等教育精品教材立项项目

电工电子技术实践教程 第二版

赵虹 主编　叶淬 李慧 副主编

化学工业出版社
·北京·

本书是专门为适应现代化的教学要求而编写的一本"电工学"课程的实践教程。全书共分五章。第一章是电工技术实验；第二章是电子技术实验；第三章是电子技术课程设计；第四章是电子线路 CAD；第五章是测量的基本知识及常用的仪器仪表；附录中还给出了可编程控制器和 EWB5.0 的简介。

本书是北京市教改项目和国家级教改立项的共同研究成果。本书的编写充分考虑了非电类工科专业学生的学习特点和要求，循序渐进、逐步深入，内容丰富、叙述简练。本书增加了电工技术实验和电子线路 CAD 的分量，并对实验的内容进行了适当拓展。

本书可作为高等工科非电类专业本科、高职高专院校相关专业的教材，也可供有关工程技术人员培训之用。

图书在版编目（CIP）数据

电工电子技术实践教程/赵虹主编. —2 版. —北京：化学工业出版社，2011.2（2023.9 重印）
教育部世行贷款 21 世纪初高等教育教学改革项目研究成果. 北京市高等教育精品教材立项项目
ISBN 978-7-122-10422-9

Ⅰ. 电… Ⅱ. 赵… Ⅲ.①电工技术-高等学校-教材②电子技术-高等学校-教材　Ⅳ.①TM②TN

中国版本图书馆 CIP 数据核字（2011）第 009145 号

责任编辑：唐旭华　郝英华　　　　　　　　　装帧设计：张　辉
责任校对：徐贞珍

出版发行：化学工业出版社（北京市东城区青年湖南街 13 号　邮政编码 100011）
印　　装：北京印刷集团有限责任公司
787mm×1092mm　1/16　印张 11¼　字数 282 千字　2023 年 9 月北京第 2 版第 8 次印刷

购书咨询：010-64518888　　　　　　　　　　售后服务：010-64518899
网　　址：http://www.cip.com.cn
凡购买本书，如有缺损质量问题，本社销售中心负责调换。

定　价：25.00 元　　　　　　　　　　　　　　　　　版权所有　违者必究

第二版前言

自 2003 年本书第一版出版，已经历了七年。在此期间电工电子技术发生了巨大变化，实践教学的改革不断深入；同时，由于高等院校非电类专业甚多，对于实践教学的要求不一，实验设备和学时也有差异，为了适应形势的需要，增加教材的灵活性，我们在第一版的基础上进行了修订和完善，原书的基本框架和风格保持不变。第二版的主要修改如下：

（1）第一章中增加了 R、L、C 元件的阻抗频率特性、变压器实验、异步电动机的能耗制动控制、三相电路功率的测量四个实验；

（2）第四章中增加了模拟乘法器的应用——调幅、峰值包络检波器、模拟乘法器的应用——解调、函数发生器设计、硬件电子琴电路设计、秒表电路设计六个题目；

（3）对于部分实验的内容和参数做了适当的调整；书中带 * 部分为选做内容。

本次修订由赵虹担任主编，叶淬、李慧担任副主编，于洋、薛彩姣、赵亚东参加了新增加实验内容的编写。

本书得到许多教师和读者的关怀，在此深表感谢。由于编者水平有限，书中难免有不足之处，恳请广大师生和读者提出批评指正。

编　者
2011 年 1 月

第一版前言

本书是北京工商大学、中国人民武装警察部队学院、北京服装学院三校联合编写的一本专门为非电类工科学生开设的"电工学"课程的实践教程。

本教材是北京市教改立项"探求'电工技术'、'电子技术'课程体系的新模式"和国家级教改项目（世行贷款）"21世纪初一般院校工科人才培养模式改革的研究与实践"的研究成果，本教材还是2002年北京市高等教育精品教材立项项目"电工学课程系列教材"中一个重要组成部分。本教材集中了参编三校实践教学的改革成果，尤其体现了北京工商大学通过5年来教改试点班改革实践形成的较为成熟的"实验课——电子技术课程设计——电子线路CAD"三个台阶式的实践教学模式。

本教材在编写上充分考虑了非电类学生的学习特点和21世纪初对人才培养的要求，具有以下几点特色。

1. 层次性强、实用性强

考虑非电类学生的学习基础，在内容的前后安排上由浅入深，循序渐进。对某些重点内容安排了2~3个不同层次的实验，这样既符合了教学规律也满足了不同专业、不同要求的需要。

在注重基础的同时，本书精选实验内容，偏重实用性以提高学生的学习兴趣和增强能力。

2. 叙述详略得当

对一些理论课上学过的内容、原理叙述从略，通过预习思考题等，给学生留有充分余地让学生主动思考，提高能力。

对一些课堂上延伸和扩展的内容，考虑非电类学生的基础，做了较为详细的分析说明（如在课程设计和电子线路CAD部分），以便教师易教、学生好学。

3. 注重能力培养

实践教学是培养学生能力最好和最直接的环节。本教程通过增加设计性实验的分量、增设非电类专业电类课程设计和电子线路CAD、认真设置预习思考题、明确实验报告要求等，多种途径全面提高学生能力。

4. 注重先进性

将先进的EDA技术引入非电类的电类课程实践教学中，使非电类的学生接触到现代化的电子技术设计手段，跟上现代电工电子技术的发展。

本书编写目标是适应新形势、新要求，因此内容涵盖面广，有一定深度。它既能适用于高目标高标准的教学要求，又是一本普遍适用的实践教程。在使用时可根据实验室的具体条件对内容进行各种删选，对参数做适当调整。使用时还可对内容进行不同的安排，比如同样的题目可以用计算机仿真，也可以用实物搭接来实现。本书还为开放的实验室提供了丰富的选题。书中打星号的部分为选做内容。

本书由北京工商大学叶淬负责第一章中实验一~实验七电路的实验、第三章电子技术课程设计、第四章电子线路CAD和附录B的编写。北京工商大学乔继红负责第一章中实验八～实验十一电机控制实验和附录A的编写,胡秀芳负责第五章中常用仪器仪表和附录C的编写。北京服装学院李慧负责第二章中实验一～实验十模拟电子技术实验的编写。中国人民武装警察部队学院赵虹和于洋负责第二章中实验十一～实验十七数字电子技术实验的编写,赵亚东负责第五章中测量知识的编写。编者们对实验中参数的确定,元件的选取都经过了反复的实验。全书由叶淬任主编,赵虹、李慧任副主编。

该书的出版得到了北京工商大学、中国人民武装警察部队学院、北京服装学院三校有关领导和化学工业出版社的大力支持,对此深表感谢。本书的编写参照了三校实验指导书的有关内容,在此向有关的老师一并表示感谢。

2002年北京市高等教育精品教材立项项目"电工学课程系列教材"还包括有《电工电子技术(第二版)》及《电工电子技术多媒体课件》,均由化学工业出版社出版。

由于编者水平有限,书中缺点和错误难免,恳请广大师生使用后提出批评和指正。

编者
2002年10月

目 录

安全用电 ··· 1
实验守则 ··· 1

第一章　电工技术实验 ··· 2
实验一　认识实验 ·· 2
实验二　等效变换 ·· 4
实验三　功率因数的提高 ·· 7
实验四　R、L、C 元件的阻抗频率特性 ·· 9
实验五　R、L、C 串联谐振 ·· 12
实验六　电感元件的参数测试 ··· 14
实验七　三相电路 ·· 15
实验八　RC 电路充放电的研究 ··· 16
实验九　变压器实验 ··· 18
实验十　三相电路功率的测量 ··· 21
实验十一　三相异步电动机继电接触器控制的基本实验 ·························· 24
实验十二　三相异步电动机的时间控制和顺序控制 ································ 26
实验十三　异步电动机的能耗制动控制 ··· 27
实验十四　PC 的基本操作练习 ··· 29
实验十五　PC 基本指令综合练习 ·· 31

第二章　电子技术实验 ··· 33
实验一　整流、滤波、稳压电路 ·· 33
实验二　集成稳压电路的应用 ··· 35
实验三　分压式偏置电路 ··· 38
实验四　射极输出器 ··· 40
实验五　射极输出器的应用 ·· 41
实验六　集成运算放大器的信号运算 ·· 43
实验七　集成运算放大器在波形产生方面的运用 ···································· 45
实验八　集成运算放大器的非线性运用 ··· 47
实验九　集成运算放大器在信号测量方面的应用 ···································· 48
实验十　单相半波可控整流电路 ·· 50
实验十一　组合逻辑电路 ··· 51
实验十二　组合逻辑电路设计 ··· 55
实验十三　时序逻辑电路 ··· 58
实验十四　时序逻辑电路设计 ··· 62
实验十五　555 定时器 ·· 65
实验十六　A/D、D/A 转换器 ··· 67
实验十七　数字电路应用实验 ··· 71

第三章　电子技术课程设计 …… 73
题目一　闭环控温系统（Ⅰ） …… 74
题目二　闭环控温系统（Ⅱ） …… 76
题目三　电动机转速测量系统 …… 80
题目四　简易数字电压表 …… 85
题目五　红外遥控电路 …… 86
题目六　定时器 …… 88
题目七　数控直流稳压电源 …… 90

第四章　电子线路 CAD …… 94
题目一　秒脉冲发生器 …… 94
题目二　A/D 转换器 …… 94
题目三　D/A 转换器 …… 95
题目四　交通灯控制逻辑电路设计 …… 96
题目五　8 路移存型彩灯控制器 …… 98
题目六　多路信号显示转换器 …… 101
题目七　拔河游戏机 …… 103
题目八　模拟乘法器的应用——调幅 …… 104
题目九　峰值包络检波器 …… 106
题目十　模拟乘法器的应用——解调 …… 108
题目十一　函数发生器设计 …… 109
题目十二　硬件电子琴电路设计 …… 112
题目十三　秒表电路设计 …… 113

第五章　测量的基本知识及常用的仪器仪表 …… 115
第一节　测量的基本知识 …… 115
一、测量数据的正确处理 …… 115
二、测量方法与电工指示仪表的分类 …… 116
三、模拟电路和数字电路实验中的测量常识 …… 116
四、元器件的识别及使用中应注意的问题 …… 120
第二节　常用仪器仪表 …… 122
一、数字万用表 …… 122
二、兆欧表 …… 124
三、QS18A 型万用电桥 …… 125
四、直流电源 …… 127
五、毫伏表 …… 130
六、示波器 …… 133
七、函数发生器 …… 143

附录 A　可编程序控制器简介 …… 148
附录 B　EWB5.0 简介 …… 151
第一节　EWB5.0 的基本界面 …… 151
第二节　EWB5.0 的使用 …… 160
附录 C　电阻、电容标注法及集成电路型号命名方法 …… 166
参考文献 …… 172

安 全 用 电

在实验中为了防止触电事故发生,必须严格遵守安全用电制度和操作规程。
(1) 接线、改线、拆线都必须在断电情况下进行,即先接线再通电;先断电再拆线。
(2) 在实验中,特别是闭合或断开闸刀开关时,要随时用目光监视仪表和机电设备有无异常现象,如指针反转、异声、异味、温度过高等现象。一旦发现应立即断电检查,如情况严重可请老师检查。
(3) 实验时要严肃认真,同组之间密切配合,不得用手触及电路中的裸露部分。
(4) 电源接通后要尽量培养单手操作的习惯,以防双手触及电路电压。
(5) 遵守各项操作规程,培养良好的实验作风。

实 验 守 则

(1) 实验前必须认真预习,认真预习是较好完成实验的关键所在。预习中明确实验的目的,熟悉其原理、手段、方法和步骤。要认真思考预习思考题,了解仪器仪表的使用方法等。老师有权停止预习不好的或不预习者的实验。
(2) 实验数据的测量与记录必须认真。对测量点的数目和间隔安排要合适。如一变化的曲线其对应的最高点和最低点必须测出,变化曲线的拐弯处测量点要选得密一些,测量点要分布在整个范围内等等,都要事先考虑好。
  实验数据应记在事先列好的表格中,并注明测量的名称、单位。
(3) 实验中仔细观察各种现象和规律并进行记录,要努力运用所学知识解释这些现象,必要时可和老师共同探讨。
(4) 实验完毕,数据经老师检查无误后方可拆线,整理好器材后,离开实验室。
(5) 实验报告是整个实验的重要组成部分,必须认真完成。报告纸采用学校规定的格式。实验报告除填好报告纸上各栏外,一般应包括以下几项:
  ① 实验目的;
  ② 实验线路;
  ③ 实验仪器和设备;
  ④ 实验内容;
  ⑤ 实验数据;
  ⑥ 数据分析及实验结论、心得体会等。
(6) 遵守实验室规则,严禁乱动、乱摸与本次实验无关的仪器和设备。

第一章 电工技术实验

实验一 认识实验

一、实验目的

(1) 学习电压、电流的测量。
(2) 验证叠加原理和基尔霍夫定律。
(3) 学习测量元件的伏安特性。

二、实验简述

电压和电流的测量是电工测量的基础。电压和电流测量一般使用电压表和电流表进行直接测量。本实验通过验证叠加原理和测试白炽灯的伏安特性，具体实践电压和电流的测量。

电压测量：要测试电路中任意两点间的电压，只需将电压表并联接入该两点即可。连接时注意将电压表的正极接高电位端。

电流测量：要测试电路中某一支路的电流，须将电流表串联接入该支路。测电流时为了实现一表多处测量，往往在待测电流的支路中串入电流插座。电流插座是由两片紧紧接触的弹簧铜片构成。当连着电流表的插头插入插座时，座内两铜片分别与插头中两处互相绝缘的部分接触，电流表被串联接入待测电路中。如图 1-1-1 所示。

测量结果是否准确在很大程度上取决于仪表的准确选择和接法。只有按被测量的性质、大小及测量要求准确地确定仪表类型，合理选用仪表准确度等级、量程、内阻等综合因数，才能得到满意的测量结果。具体请看第五篇第一节中有关部分。

三、实验仪器和设备

(1) 双路稳压电源
(2) 直流毫安表
(3) 数字万用表
(4) 滑线变阻器
(5) 有关实验板

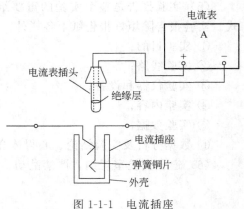

图 1-1-1 电流插座

四、实验内容和步骤

1. 验证叠加原理

本实验通过对两个电源共同作用的电路来验证叠加原理，参考电路如图 1-1-2(a)、(b)。

(1) 令 E_1 电源单独作用，测量电阻 R_L 上流过的电流，记入表 1-1-1 中。
(2) 令 E_2 电源单独作用，测量电阻 R_L 上流过的电流，记入表 1-1-1 中。
(3) E_1 和 E_2 共同作用，测量电阻 R_L 上流过的电流，记入表 1-1-1 中。

记录时注意这三种情况下的电流方向。选定一个为参考方向，与之相反方向的电流，在记录时要记为负值。

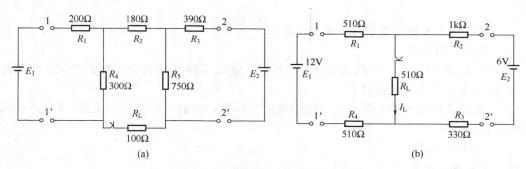

图 1-1-2 验证叠加原理参考电路

表 1-1-1

项 目	测 量 值			计 算 值
	I'_{RL}	I''_{RL}	I_{RL}	$I'_{RL}+I''_{RL}$
电流/mA				

2. 测试白炽灯的伏安特性

本实验采用一低压小灯泡为测试对象，测试的参考电路如图 1-1-3 所示。

（1）按图接线。

（2）移动滑线电位器的滑动端，使灯泡两端的电压从零变到最大，在此范围内顺次取 5、6 个点，测量图 1-1-3 中各支路的电流和各部分电压，记入表 1-1-2 中。

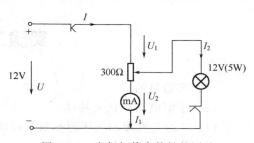

图 1-1-3 白炽灯伏安特性的测试

表 1-1-2

序号	1	2	3	4	5	6
U						
U_1						
U_2						
I						
I_1						
I_2						

* 3. 自行设计验证基尔霍夫定律

（1）自行设计一电路用于验证基尔霍夫定律。该电路要求含有两个电源和两个以上的回路。

（2）要根据实验室稳压电源所能提供的电压和电流、电阻元件的大小和瓦数、电压表和电流表的量程等，确定具体方案及步骤。

（3）设计实验所需的数据表格。

五、实验预习要求

（1）阅读第五章中有关数字万用表、直流稳压电源的使用说明。

(2) 按实验室各实验板的具体参数，估算各电压和电流的大小，为合理选择仪表量程作准备。

(3) 复习有关叠加原理和基尔霍夫定律。

(4) 思考下列问题。

① 验证叠加原理时，当 E_1 单独作用时，E_2 电源支路如何处理？同样当 E_2 单独作用时，E_1 电源支路又当如何处理？

② 当验证叠加原理的电路中某一电阻换成二极管，叠加原理还是否成立？（有条件的实验室可以做一实验）

③ 何为伏安特性？

六、实验报告要求

(1) 分析表 1-1-1 中的数据，说明叠加原理的成立。

(2) 根据表 1-1-2 中的数据，画出灯泡的伏安特性。

(3) 由表 1-1-2 中的数据，说明基尔霍夫定律的正确性。

(4) 总结测量电压、电流的注意事项。

(5) 实验的心得体会。

实验二　等效变换

一、实验目的

(1) 了解电源的伏安特性。

(2) 掌握电流源和电压源等效变换的条件与方法。

(3) 验证戴维宁定理。

二、实验简述

为了简化电路的分析与计算，经常将电路中某一部分用另一种电路来等效替换。等效变换前后，对其余部分电路来说各部分电压与电流不变。

本实验通过电压源和电流源的等效变换，通过戴维宁定理即有源二端网络与电压源之间的等效变换来加深对等效概念的理解，从而更好地利用各种等效变换手段简化电路、分析电路。

1. 开路电压的测量

(1) 直接测量法。当含源二端网络的入端等效电阻 R_0 与电压表内阻相比可以忽略时，可以直接用电压表测量其开路电压。

(2) 补偿法。当含源二端网络的入端等效电阻 R_0 与电压表内阻相比不可以忽略时，不宜用直接测量法，可采用补偿法。补偿法就是用一低内阻的稳压电源与被测的有源二端网络进行比较，当稳压电源的输出电压与有源二端网络的开路电压相等时，电压表的读数为零。断开电路，测量此时的稳压电源输出电压，即为被测有源二端网络开路电压。该方法又称"零示法"，其原理电路图如图 1-2-1 所示。

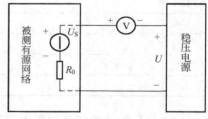

图 1-2-1　补偿法测开路电压

2. 二端网络入端等效电阻 R_0 的测量方法

(1) 直接测量法。将有源二端网络内部电源除去，直接用万用表的欧姆挡测其电阻

值 R_0。

(2) 开路电压、短路电流法。直接用万用表测得有源二端网络的开路电压 U_{OC} 和短路电流 I_{SC}。

$$R_0 = \frac{U_{OC}}{I_{SC}} \tag{1-2-1}$$

当二端网络的等效入端电阻太小时,不宜测其短路电流。

三、实验仪器和设备

(1) 直流稳压稳流电源　　　　　　　　(2) 直流毫安表(或直流数字电流表)
(3) 数字万用表(或直流数字电压表)　　(4) 滑线变阻器
(5) 可调电阻箱　　　　　　　　　　　(6) 实验板

四、实验内容和步骤

1. 电流源与电压源的等效变换

(1) 按图 1-2-2(a) 接线。图 1-2-2(a) 电路中电流源的等效原理图为图 1-2-2(b) 所示。其中,I_S 为恒流源电流,由调节恒流源输出电流获得;R_0 是外接电阻,作电源内阻;R_L 为可变电阻箱。

(2) 测电流源的伏安特性:逐渐改变 R_L 的值,约从 0~2kΩ 间隔取 5 个点,测量不同 R_L 时的 U_L 和 I_L,记入表 1-2-1 中。注意在整个过程中应保持 I_S 值不变。

表 1-2-1

项　　目						
电流源	I_L/mA					
	U_L/V					
电压源	I_L/mA					
	U_L/V					

(3) 电源的等效变换:根据电压源和电流源等效变换的条件,将图 1-2-2 的电流源变换成图 1-2-3 所示的等效电压源,其参数为:$U_S = I_S R_0$;电源内阻 R_0 相同。

(4) 测量等效电压源的伏安特性:改变 R_L 的值和(2)相同。测量不同 R_L 时的 U_L 和 I_L,记入表 1-2-1 中。

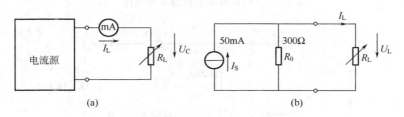

图 1-2-2　电流源

2. 验证戴维宁定理

验证戴维宁定理的参考电路如图 1-2-4~图 1-2-6 所示。

(1) 按确定的实验电路接线,并调好电源电压,用万用表校核后接入。

(2) 测定 ab 有源二端网络的外特性:调节负载电阻 R_L,在不同负载的情况下,测出相应负载端电压 U_{RL} 和流过负载的电流 I_{RL},记入表 1-2-2 中。数据中应包括 $R_L = 0(I_{abs})$ 及 $R_L = \infty(U_{abo})$ 两点。其余三点任取。注意估算 I_{abs} 的值,适当选好电流表量程。

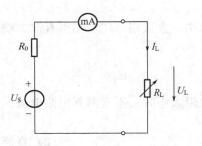

图 1-2-3　等效电压源

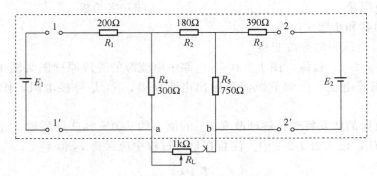

图 1-2-4　验证戴维宁定理参考电路（1）

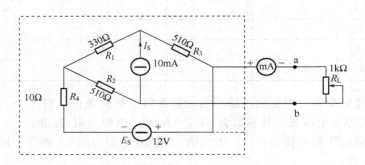

图 1-2-5　验证戴维宁定理参考电路（2）

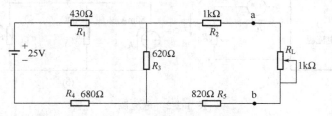

图 1-2-6　验证戴维宁定理参考电路（3）

（3）测有源二端网络内部电源除去后的等效入端电阻 R_0，记入表 1-2-2。测量方法见实验简述。

（4）根据步骤（2）和（3）中测得的 U_{ab0} 和 R_0 组成有源二端网络等效电源电路，如图 1-2-6。其中 $U_S=U_{ab0}$ 由稳压电源输出，R_0 用电阻箱代替。改变 R_L 的值，同步骤（2）测出相应的负载电压和电流记入表 1-2-2 中。

表 1-2-2

项　目		测　量　值					
ab 有源二端网络外特性	U_{ab}/V						
	I_{ab}/mA						
等效电压源外特性 $U_{ab0}=$ $R_0=$	U_{ab}/V						
	I_{ab}/mA						

五、实验预习要求

（1）预习第五章中稳压稳流电源的使用方法。特别注意在恒流源输出时如何保证负载端不处在开路状态。

（2）复习电源等效转换及戴维宁定理，重点理解"等效"的概念。

（3）根据各实验线路图，估算仪表量程。

（4）思考本实验是如何验证电源等效转换及戴维宁定理的，戴维宁定理中的电源内阻 R_0 和有源二端网络的开路电压是否还有其他方法测得？

六、实验报告要求

（1）比较表 1-2-1 中两组数据，并在同一坐标上作出电流源和电压源的伏安特性。有何心得体会？

（2）分别将表 1-2-2 中两组数据画成伏安特性曲线，进行比较讨论，以体会"等效"的概念。

实验三　功率因数的提高

一、实验目的

（1）了解感性负载电路功率因数提高的方法。

（2）进一步理解交流电路中各部分电压、各支路电流之间关系。

（3）学习功率和功率因数的测量方法。

二、实验简述

1. 日光灯电路原理

日光灯原理电路如图 1-3-1 所示。接通电源后，启辉器内双金属片与定片间的气隙被击穿，连续发生辉光放电，使双金属片受热伸张而与定片接触，接通灯管的灯丝，灯丝被预热而发射电子。很快双金属片又因冷却而与定片分开。镇流器线圈因灯丝电路的突然断电而感应出较高的感应电动势，它和电源电压串联加到灯管两端，使管内气体电离而产生弧光放电导致发光，这时启辉器停止工作。启辉器在电路中的作用相当于一个自动开关。镇流器在灯管启动时产生高压，有启动前预热灯丝及启动后灯管工作时的限流作用。

在日光灯正常工作时，镇流器只能起降压、限流作用，相当于具有一定内阻的电感。日光灯管接近于一个纯电阻。其等效电路图如图 1-3-2 所示，是一个 $R+r$ 的电阻与电感 L 串联的交流电路。因日光灯电路的功率因数较低，所以本实验以日光灯电路作为电源的感性负载，研究感性负载电路功率因数的提高。

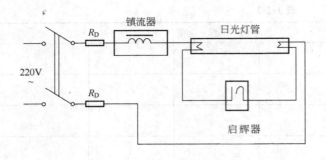
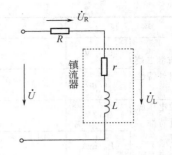

图 1-3-1 日光灯原理电路　　　　　　图 1-3-2 日光灯等效串联图

2. 电路中功率因数的测试方法

交流电路中，有功功率 $P=UI\cos\varphi$。因此如果测得电路的电压 U、电流 I 及功率 P，电路的功率因数则方便可得 $\cos\varphi=\dfrac{P}{UI}$。

本实验正是利用电压表、电流表、功率表三表法来间接测量电路的功率因数。

3. 提高功率因数的方法

为在提高功率因数的同时，保持原感性负载支路的工作状态，应将电容 C 与负载支路并联，其等效电路为图 1-3-3 所示。并联的电容 C 可采用电容箱，这样 C 值方便可调。

三、实验仪器和设备

(1) 数字万用表
(2) 中频电流表
(3) 功率表
(4) 电容箱
(5) 日光灯电路实验板
(6) 电流插座板

图 1-3-3 实验等效电路

四、实验内容和步骤

图 1-3-4 为提高功率因数实验电路，其等效电路如图 1-3-3。

(1) 按图 1-3-4 线路图接线，点亮日光灯。在未并电容 C 以前测量日光灯的端电压 U_R、镇流器端电压 U_L、电路总电压 U，记在表 1-3-1 中。

表 1-3-1

项目	U_R/V	U_L/V	U/V
实验值			

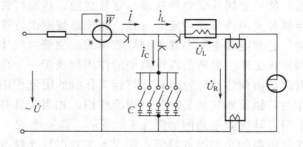

图 1-3-4 提高功率因数实验电路

(2) 并上电容 C，选取不同的数值，观察总电流、负载功率 P 的变化。测量电容支路电流 I_C，日光灯支路电流 I_L，总电流 I 以及负载功率 P，记入表 1-3-2。注意测量数据中应包括 $C=0$ 时对应各值和提高 $\cos\varphi$ 后，I 达最小值时对应的各值，以及继续增大电容后电路呈容性的一组数据。

表 1-3-2

项目 电容值/μF	测量值				
	I/mA	I_L/mA	I_C/mA	U/V	P/W
$C=0$					
$C=$					
$C=$					
$C=$					
$C=$					
$C=$					
$C=$					

五、实验预习要求

(1) 熟悉日光灯工作原理及日光灯电路的正确接线。
(2) 复习并联交流电路中电压、电流的相量关系。预先画好图 1-3-3 所示电压相量图及并上电容 C 后变化的示意图，并思考哪部分的功率因数改变了。
(3) 了解功率表原理，正确接线及使用注意事项。
(4) 思考在日光灯支路中串入电容能否达到提高功率因数的目的，为什么？
(5) 思考在日常生活中为什么可以用一只启辉器去点亮多个同类型的日光灯。

六、实验报告要求

本实验应从以下三个方面进行总结。
(1) 对并联电路中各支路电流、电压之间的相量关系，理解有何加深？
(2) 按表 1-3-2 中数据，画出 I-C 及 $\cos\varphi$-c 的曲线。从电路功率因数提高的过程中各物理量之间的变化，体会提高功率因数的意义及采用并联电容方法的优点。
(3) 本次实验初次使用功率表，在测量过程中有何心得体会。

实验四　R、L、C 元件的阻抗频率特性

一、实验目的

(1) 验证电阻、感抗、容抗与频率的关系，测定 R-f、X_L-f 与 X_C-f 特性曲线。
(2) 加深理解阻抗元件端电压与电流间的相位关系。

二、实验原理

1. 在正弦交变信号作用下，R、L、C 电路元件在电路中的抗流作用与信号的频率有关，如图 1-4-1 所示。三种电路元件伏安关系的相量形式分别如下。

(1) 纯电阻元件 R 的伏安关系为

$$\dot{U}=R\dot{I}，阻抗 Z=R$$

上式说明电阻两端的电压 $\dot{U}$ 与流过的电流 $\dot{I}$ 同相位，阻值 R 与频率无关，其阻抗频率特性 R-f 是一条平行于 f 轴的直线。

（2）纯电感元件 L 的伏安关系为

$$\dot{U}_L = jX_L \dot{I}，感抗 \ X_L = 2\pi fL$$

上式说明电感两端的电压 $\dot{U}$ 超前于电流 $\dot{I}$ 一个 $90°$ 的相位，感抗 X 随频率而变，其阻抗频率特性 X_L-f 是一条过原点的直线。电感对低频电流呈现的感抗较小，而对高频电流呈现的感抗较大，对直流电 $f=0$，则感抗 $X_L=0$，相当于"短路"。

（3）纯电容元件 C 的伏安关系为

$$\dot{U}_C = -jX_C \dot{I}，容抗 \ X_C = \frac{1}{2\pi fC}$$

上式说明电容两端的电压 $\dot{U}_C$ 落后于电流 $\dot{I}$ 一个 $90°$ 的相位，容抗 X_C 随频率而变，其阻抗频率特性 X_C-f 是一条曲线。电容对高频电流呈现的容抗较小，而对低频电流呈现的容抗较大，对直流电 $f=0$，则容抗 $X_C \to \infty$，相当于"断路"，即所谓"隔直、通交"的作用。

三种元件阻抗频率特性的测量电路如图 1-4-2 所示。

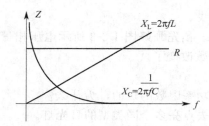

图 1-4-1 R、L、C 阻抗频率特性

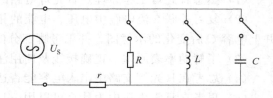

图 1-4-2 阻抗频率特性测量电路

图中 R、L、C 为被测元件，r 为电流取样电阻。改变信号源频率，分别测量每一元件两端的电压，而流过被测元件的电流 I，则可由 U_r/r 计算得到。

2. 用双踪示波器测量阻抗角

元件的阻抗角（即被测信号 u 和 i 的相位差 φ）随输入信号的频率变化而改变，阻抗角的频率特性曲线可以用双踪示波器来测量，如图 1-4-3 所示。

阻抗角（即相位差 φ）的测量方法如下。

（1）在"交替"状态下，先将两个"Y 轴输入方式"开关置于"⊥"位置，使之显示两条直线，调 Y_A 和 Y_B 移位，使二直线重合，再将两个 Y 轴输入方式置于"AC"或"DC"位置，然后再进行相位差的观测。测量过程中两个"Y 轴移位"钮不可再调动。

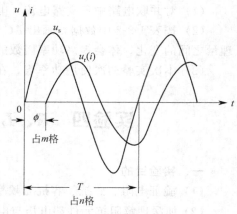

图 1-4-3 相位差的观测

（2）将被测信号 u 和 i 分别接到示波器 Y_A 和 Y_B 两个输入端上，调节示波器有关控制旋钮，使荧光屏上出现两个比例适当而稳定的波形，如图 1-4-3 所示。

（3）从荧光屏水平方向上数得一个周期所占的格数 n，相位差所占的格数 m，则实际的相位差 φ（阻抗角）为

$$\varphi = m \times \frac{360}{n}$$

三、实验设备

如表 1-4-1 所示。

表 1-4-1

序号	名称	型号与规格	数量	备注
1	函数信号发生器	15Hz～150kHz	1	RTDG-1
2	晶体管毫伏表	1mV～300V	1	自备
3	双踪示波器		1	自备
4	被测电路元件	$R=1\text{k}\Omega, C=1\mu\text{F}$ $L=15\text{mH}, r=100\Omega$	1	RTDG08 RTDG04

四、实验内容与步骤

1. 测量 R、L、C 元件的阻抗频率特性

实验线路如图 1-4-2 所示，取 $R=1\text{k}\Omega$，$L=15\text{mH}$，$C=1\mu\text{F}$，$r=100\Omega$。

（1）将函数信号发生器输出的正弦信号作为激励源接至实验电路的输入端，并用晶体管毫伏表测量，使激励电压的有效值为 $U_S=3\text{V}$，并保持不变。

（2）调信号源的输出频率从 100Hz 逐渐增至 5kHz，并使开关分别接通 R、L、C 三个元件，用晶体管毫伏表分别测量 U_R、U_L、U_C 及相应的 U_r 之值，并通过计算得到各频率点时的 R、X_L 与 X_C 之值，记入表 1-4-2 中。

表 1-4-2

	频率 f/Hz	100	200	500	1k	2k	3k	4k	5k
R	U_r/mV								
	$I_R=U_r/r$/mA								
	U_R								
	$R=U_R/I_R$/kΩ								
L	U_r/mV								
	$I_R=U_r/r$/mA								
	U_C								
	$X_L=U_C/I_L$/kΩ								
C	U_r/mV								
	$I_C=U_r/r$/mA								
	U_L								
	$X_C=U_L/I_C$/kΩ								

2. 测量 L、C 元件的阻抗角频率特性

调信号发生器的输出频率，从 0.1～20kHz，用双踪示波器观察元件在不同频率下阻抗角的变化情况，测量信号一个周期所占格数 n（cm）和电压与电流的相位差所占格数 m（cm），计算阻抗角 φ，数据记入表 1-4-3 中。

表 1-4-3

元件	f/kHz	0.1~20
L	n/cm	
	m/cm	
	$\phi/(°)$	
C	n/cm	
	m/cm	
	$\phi/(°)$	

五、实验注意事项

（1）晶体管毫伏表属于高阻抗电表，测量前必须先用测笔短接两个测试端钮，使指针逐渐回零后再进行测量。

（2）测 φ 时，示波器的"V/cm"和"t/cm"的微调旋钮应旋置"校准位置"。

六、实验预习要求

（1）测量 R、L、C 元件的频率特性时，如何测量流过被测元件的电流？为什么要与它们串联一个小电阻？

（2）如何用示波器观测阻抗角的频率特性？

（3）在直流电路中，C 和 L 的作用如何？

七、实验报告要求

（1）根据两表实验数据，在坐标纸上分别绘制 R、L、C 三个元件的阻抗频率特性曲线和 L、C 元件的阻抗角频率特性曲线。

（2）根据实验数据，总结、归纳出本次实验的结论。

实验五 R、L、C 串联谐振

一、实验目的

（1）测绘不同品质因数电路的谐振曲线。

（2）研究电路参数对谐振特性的影响。

（3）学习测量交流电压和电流。

（4）学习正确使用信号发生器和晶体管毫伏表等有关仪器。

二、实验简述

在 R、L、C 串联的交流电路中，当 $2\pi fL = \dfrac{1}{2\pi fC}$ 时，电路的阻抗最小；在电压为定值时，电流达最大；电路中的电流与输入电压同相位，电路为纯电阻性；这种工作状态叫做"谐振"。

要满足 $2\pi fL = \dfrac{1}{2\pi fC}$ 的条件，可改变 f、L、C 来达到。本实验是在取定 L、C、U 的条件下，通过改变电源频率 f，使电路达到谐振状态。本实验中由信号发生器作信号源，提供信号。由于交流频率在 1000 Hz 以上，因此测电压时不宜再用普通的交流电压表而采用频带宽、阻抗高的电子仪表——晶体管毫伏表。测电流采用频率较高的中频电流表。测量交流电压和电流的基本原则同直流测量。

三、实验仪器和设备

(1) 信号发生器　　　　　　　(2) 数字万用表
(3) 晶体管毫伏表　　　　　　(4) 中频电流表
(5) 频率计　　　　　　　　　(6) 实验板

四、实验内容和步骤

R、L、C 串联谐振的实验参考电路如图 1-5-1 所示。图中 R 为外接电阻，r_L 为电感线圈的内阻。

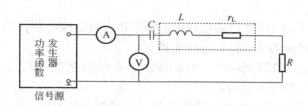

图 1-5-1　R、L、C 串联谐振实验电路

(1) 按图连接实验电路。其中 L、C、R、U 参数由实验室的现有条件确定。

(2) 观察串联谐振现象：调节信号发生器输出正弦电压，电压值结合实验室实验板中 L、C、R 的参数以及信号源的性能参数而定，但在实验过程中必须保持此电压值不变。

设定信号发生器输出频率为预习中的计算谐振频率值，微调信号发生器输出信号频率使电流表出现最大值，这时电路工作在谐振状态。用频率计测定此时的频率，将谐振频率和相应的电流值记入表 1-5-1 中。再用晶体管毫伏表测量这时的线圈电压 U_L、电容电压 U_C、外接电阻电压 U_R，分别记入表 1-5-1 中。

(3) 测定串联谐振曲线：以谐振频率为中心，分别增大和减小信号频率（在谐振频率处递增或递减 500Hz 左右），测量相应的电流值记入表 1-5-1 中。为了便于绘制谐振曲线，在谐振频率附近两侧取样点应密些。注意整个实验过程中 U 保持不变。

(4) 改变图 1-5-1 中的 R 值，重复步骤（2）、（3），测定谐振曲线。将测量结果记入表 1-5-2 中。

(5) 改变图 1-5-1 中的 C 值，重复步骤（2）、（3），测定谐振曲线。将测量结果记入表 1-5-3 中。

表 1-5-1　电路参数（一）：$L=$　　$C=$　　$R=$　　$U=$

f/Hz									
I/mA									
谐振时电压				$U_L=$		$U_C=$		$U_R=$	

表 1-5-2　电路参数（二）：$L=$　　$C=$　　$R=$　　$U=$

f/Hz									
I/mA									
谐振时电压				$U_L=$		$U_C=$		$U_R=$	

表 1-5-3　电路参数（三）：$L=$　　$C=$　　$R=$　　$U=$

f/Hz									
I/mA									
谐振时电压				$U_L=$		$U_C=$		$U_R=$	

五、实验预习要求

（1）复习有关串联谐振的特点并思考如何测定电路的品质因数。

（2）针对实验室中具体设备，确定表 1-5-1～表 1-5-3 三种情况下的具体参数并计算谐振频率。

（3）按已有理论知识估计一下本实验中三条谐振曲线的差异。

（4）思考本实验线路中为什么采用电压表后接线路。

（5）阅读第五章第二节有关晶体管毫伏表和信号发生器的使用方法及注意事项。

六、实验报告要求

（1）根据表 1-5-1～表 1-5-3 的测量数据，将三条谐振曲线绘制在同一张图上。作图时应遵照第五篇第一节中提到的曲线修匀方法去做。

（2）分析、讨论这三条谐振曲线。由此得出 R-L-C 电路中，R、L、C 三参数对谐振频率、谐振曲线、品质因数等方面的影响。

（3）谐振时 U_L、U_C、U_R 的值各说明了什么？请结合该值进一步探讨这三条谐振曲线。试说明此处为何 U_L 和 U_C 不等？

实验六 电感元件的参数测试

一、实验目的

（1）学习电感元件参数的测试方法。

（2）进行一次独立设计实验的实践，检查并提高自身的实验能力。

二、实验简述

对于一个未知的电感元件用实验手段测试它的参数，掌握它的性能是今后工作中可能会遇到的实际问题。

本实验要求同学们利用已学的有关电感元件的电压、电流、功率等各物理量之间的关系，L、C 电路的谐振特性以及测电压、测电流的手段，自行设计间接测量电感元件参数的方法（如谐振法、阻抗法等）。目的在于运用所学理论，解决实际中的问题，以提高综合能力。

本实验还向同学们介绍一种直接测量参数的常用仪器 QS18A 万用电桥。

三、实验仪器和设备

（1）数字万用表　　　　　　　　（2）晶体管毫伏表

（3）低频信号发生器　　　　　　（4）中频电流表

（5）直流稳压电源　　　　　　　（6）低功率因数功率表

（7）交流调压器　　　　　　　　（8）万用电桥

（9）滑线变阻器（或电阻若干）　（10）电容箱（或电容若干）

（11）实验板

以上仪器和设备可视实验室具体情况而定。

四、实验内容

自行选择两种方法测试电感元件的参数。

（1）电感元件的等效电路如图 1-6-1 所示。被测电感元件的参数值由实验室提供。

（2）要重点注意：直流电源的电压/电流的调节范围；低频信号发生器功率输出时的内

阻,可提供的最大电流;串并联所需的电阻值及瓦数、电容值及耐压值等额定值。

五、实验预习要求

(1) 复习交流串并联电路中电压、电流关系,谐振电路的有关特性。

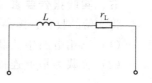

图 1-6-1　电感元件等效电路

(2) 由实验室提供的电感元件参数和仪器仪表性能参数,自行制定两种测试电感元件参数的方法。间接测量法需拟出实验线路、步骤及有关参数(f、U、I),并选择仪表量程范围(注意所提供的仪表、设备额定值)。

(3) 将设计方案提交教师预审,按教师意见修改后做实验正式方案。

(4) 若采用万用电桥直接测量,请预习第五章中第二节 QS18A 万用电桥的工作原理及测试方法。

六、实验报告要求

(1) 以"电感元件参数的测试"为题写一篇总结,对多数测试的方法进行初步探讨。

(2) 谈谈本次独立设计实验的体会与收获。

实验七　三相电路

一、实验目的

(1) 该实验作为一次综合型练习,可以提高同学安排实验、组织实验的技能。

(2) 进一步熟悉三相负载的接法及不同负载情况的三相电路中,相、线电流,相、线电压之间的关系。

* (3) 实践三相电路中对称负载的功率测试。

二、实验要求

(1) 通过实验实测三相电路中电阻性负载星形接法时各电压、电流值(包括有中线和没有中线及负载对称与不对称共四种情况)。从测量值中总结各物理量之间大小、相量关系,$\sqrt{3}$关系成立的条件,中线的作用。

(2) 实测三相电路中电阻性负载三角形接法时,各电压、电流值(包括负载对称与不对称两种情况)。以测量值总结各物理量之间大小、相量关系,$\sqrt{3}$关系成立的条件。

* (3) 通过实验学习对称负载的功率测试方法。

三、实验仪器和设备

(1) 数字万用表　　　　　(2) 交流电流表

(3) 功率表　　　　　　　(4) 实验板

四、实验预习要求

(1) 全面复习电路中电压、电流、功率的测试方法。

(2) 全面复习有关三相交流电的知识。

(3) 按实验所提要求及实验室所提供的设备,事先拟好实验线路、实验步骤、实验数据表格、选择好仪表量程交老师预审。

拟订方案时,应综合考虑实验要求,尽量减少实验线路的改接次数。

注意实验时提供的灯泡的额定电压,和要求实验室所提供的电源线电压的关系。

五、实验报告要求

将实验的收获、体会与提高,以"三相电路的研究"为题写篇"小论文"。在文章中应明确:
(1) 三相电路中负载采用不同联接方式时,电流、电压和相、线值的不同关系;
(2) 负载为星形连接时,中线的作用。

实验八 RC 电路充放电的研究

一、实验目的
(1) 观察 RC 电路的充放电过程及其与时间常数的关系。
(2) 了解 RC 电路的实际应用。
(3) 学习使用示波器。

二、实验简述

当矩形波脉冲加至 RC 串联电路两端时,由于电容两端电压不能突变,会产生电容的充放电过程。该过渡过程长短决定于电路的时间常数。RC 电路的这一特点被组成各种微积分电路用于信号运算及波形的变换等,因此对 RC 电路充放电的研究很有实际意义。

电路的过渡过程是十分短暂的单次变化过程。本实验采用对电路输入重复频率较低的方波,使方波的宽度远大于电路的时间常数 τ。此时,每次方波的上升沿和电路的零状态响应相当,调整示波器用于观察输出方波的上升沿,描绘该波形并用于测定电路的时间常数。

三、实验仪器和设备
(1) 通用示波器   (2) 低频信号发生器
(3) 电阻若干   (4) 电容若干

四、实验内容和步骤

1. 测试时间常数

测试时间常数的电路如图 1-8-1 所示。

(1) 接通低频信号发生器的交流电源,预热 10min 后,调节各有关旋钮。输出序列方波(占空比取 50%),方波的频率和幅值根据实验室具体提供的设备和元器件参数决定。用示波器观察方波波形,调至荧光屏上显示 1~2 个脉冲。

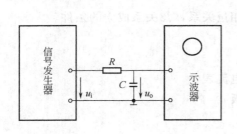

图 1-8-1 RC 电路实验电路   图 1-8-2 时间常数的测定

(2) 按实验室提供的仪器设备,选定具体的 R、C 值(要保证满足实验简述中测时间常数 τ 的条件),按图 1-8-1 接线。用双踪示波器同时观察输入 u_i 及输出 u_o 的波形。调节示波器,使 u_i 和 u_o 的基线一致,垂直衰减开关位置一致,叠合成图 1-8-2 所示图形并按比例描绘于表 1-8-1 中。在 u_o 上找到 $0.632U_P$ 处的 Q 点在水平轴上的投影 OP 乘以扫描时间因数

即得 τ 值，记录于表 1-8-1 中。

表 1-8-1

波形名称	参　　数	波　形　图
输入波形 u_i	$t_P=$ $U=$	
测定 时间常数	$R=$ $C=$ $\tau=$	
积分电路 电容两端 输出波形	$R=$ $C=$ $\tau=$	
积分电路 电容两端 输出波形	$R=$ $C=$ $\tau=$	

2．观察积分电路波形

（1）电路图及方波信号同上，自选 R、C 参数，构成两组不同的 τ，组成积分电路。保证 $\tau \gg t_P$。

（2）用示波器观察并按比例描绘两组波形于表 1-8-1。

3．观察微分电路波形

（1）按图 1-8-1 互换 R、C 两元件的位置，使电路从 R 两端输出。自选 R、C 参数，构成两组不同的 τ，组成微分电路。保证 $\tau \ll t_P$。

（2）将低频信号发生器输出方波接入电路输入端，用示波器观察 R 两端输出波形并按比例描绘所示波形于表 1-8-2 中。

4．观察耦合电路波形

在上述电路的基础上，改变低频信号发生器的频率，观察 τ 的不同配合时，波形的不同变化。

注意，其中应包括一个耦合电路，即 $\tau \gg t_P$ 并从电阻两端输出。用示波器观察耦合电路，比较其输入及输出波形，了解电容有隔直作用。并按比例描绘所示波形于表 1-8-2 中。这一特性在今后在电子技术中被广泛应用。

表 1-8-2

波形名称	参　　数	波　形　图
输入波形 u_i	$t_P=$ $U=$	
微分电路 电阻两端 输出波形	$R=$ $C=$ $\tau=$	
微分电路 电阻两端 输出波形	$R=$ $C=$ $\tau=$	
耦合电路 电阻两端 输出波形	$R=$ $C=$ $\tau=$	

五、实验预习要求

(1) 预习第五章第二节通用示波器的工作原理和使用方法。

(2) 复习 RC 电路过渡过程有关章节。重点弄清 τ 的物理意义并思考实验原理和方法，弄清微分和积分电路的构成及特点，为实验作好充分理论准备。

(3) 按实验室所提供的元件，选择好实验内容的 R、C 参数、低频信号发生器输出方波的频率及幅值。下面列出实验参数的组合，可供参考。

① 方波 $U=4.5V$，$f=200Hz$；$R=20k\Omega$、$C=0.022\mu F$，图 1-8-1 构成测时间常数 τ 的电路；$R=10k\Omega$，$C=1\mu F$，图 1-8-1 构成积分电路；$R=1k\Omega$、$C=0.1\mu F$，调换图 1-8-1 电路 R 和 C 的位置，从电阻两端输出，构成微分电路。

② 方波 $U=3V$，$f=1kHz$；$R=10k\Omega$、$C=6800pF$，图 1-8-1 构成测时间常数 τ 的电路；$R=10k\Omega$，$C=0.47\mu F$，图 1-8-1 构成积分电路；$R=2k\Omega$、$C=0.01\mu F$ 并调换图 1-8-1 电路 R 和 C 的位置，从电阻两端输出，构成微分电路。

六、实验报告要求

(1) 将表 1-8-1 中测得的时间常数与计算值进行比较。

(2) 对实验中各波形进行比较并讨论。

(3) 你对利用 RC 电路进行波形变换有何心得体会？

实验九　变压器实验

一、实验目的

(1) 学会用变压器的空载实验和短路实验测铁损和铜损。

(2) 掌握测绘变压器空载特性和负载特性的方法。

二、原理说明

1. 变压器的空载实验

变压器的空载实验可以测量变压器的空载电流 I_0 和空载损耗 P_0。将变压器副绕组开路，原绕组加额定电压 U_{1N}，如图 1-9-1 所示，因副绕组电流 $I_2=0$，空载电流 I_0 又很小，铜损耗可以忽略不计，则从瓦特表读出的功率 P_0 就是变压器的铁损（包括磁滞损耗和涡流损耗）P_{Fe}。

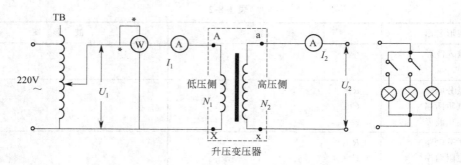

图 1-9-1　变压器的空载实验和负载特性实验

铁芯变压器是一个非线性元件，铁芯中的磁感应强度 B 取决于外加电压的有效值 U，当副边开路（即空载）时，原边的励磁电流 I_0 与磁场强度 H 成正比。在变压器中，副边空载时，原边电压 U_{1o} 与电流 I_{1o} 的关系称为变压器的空载特性，这与铁芯的磁化曲线（B-H 曲线）是一致的，如图 1-9-2(a) 所示。

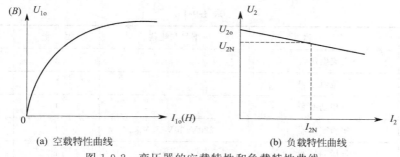

(a) 空载特性曲线　　　　　　(b) 负载特性曲线

图 1-9-2　变压器的空载特性和负载特性曲线

2. 变压器的负载实验

在图 1-9-1 线路中，变压器的副边接入灯泡作负载，就可以进行变压器的负载实验。为了满足负载灯泡额定电压为 220V 的要求，故以变压器的低压（36V）绕组作为原边，220V 的高压绕组作为副边，即当做一台升压变压器使用。

变压器原副绕组都具有阻抗，即使原边电压 U_1 不变，副边电压 U_2 也将随着负载电流 I_2 的变化而改变。逐次增加灯泡负载（每只灯为 10W），测出 U_1、U_2、I_2 和 I_1，即可绘出变压器的负载特性曲线 $U_2=f(I_2)$，如图 1-9-2(b) 所示。

由空载时的电压 U_{2o} 和满载时的电压 U_{2N} 可以求得变压器的电压变动率

$$\Delta U\% = \frac{U_{2o}-U_{2N}}{U_{2o}} \times 100\%$$

由变压器的输入功率 P_1 和输出功率 P_2（$P_2=P_1-P_{CuN}-P_{Fe}$），可以求得变压器的效率

$$\eta = \frac{P_2}{P_1} \times 100\%$$

3. 变压器的短路实验

短路实验可以测定变压器的短路电压和短路损耗，一般是将低压侧短路，在原边加降低了的电压，如图 1-9-3 所示。短路电压就是在副边短路的情况下，使原边电流为额定值（$I_{1N}=S_N/U_{1N}$）时所加的电压 U_d，此数值很小，只占额定电压的百分之几（本实验变压器的 U_d 只有十几伏）。此时功率表所测的短路损耗就是变压器的满载铜损耗 P_{CuN}，其大小关系到变压器的温升和效率。

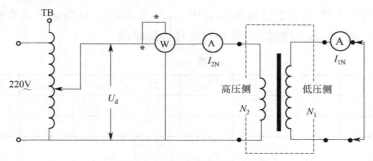

图 1-9-3　变压器的短路实验

利用短路实验还可以计算变压器的短路阻抗（$Z_d=U_d/I_{1N}$）、短路电阻（$R_d=P_{CuN}/I_{1N}^2$）和短路漏抗（$X_d=\sqrt{Z_d^2-R_d^2}$）。

三、实验设备

如表 1-9-1 所示。

表 1-9-1

序号	名　　称	型号与规格	数　量	备注
1	交流电压表		1	RTT03-1
2	交流电流表		2	RTT03-1
3	单相功率表		1	RTT04
4	实验变压器	220V/36V/50VA	1	RTDG07
5	自耦调压器		1	控制屏
6	白炽灯	10W/220V	5	RTDG07

四、实验内容与步骤

1. 用交流法判别变压器绕组的极性

将变压器的原副绕组的两个端点 X、x 相连，用电压表分别测量原边电压 U_{AX}，副边电压 U_{ax} 和两绕组间电压 U_{Aa}，根据 U_{Aa} 的大小判别变压器原副绕组的相对极性。

2. 空载实验

（1）按图 1-9-1 线路接线，（AX 为低压绕组，ax 为高压绕组）即电源经调压器 TB 接至低压绕组，高压绕组接 220V/10W 的灯组负载（用 2 组灯泡并联获得），经指导教师检查后方可进行实验。

（2）将调压器手柄置于输出电压为零的位置（逆时针旋到底位置），然后合上电源开关，并调节调压器，使其输出电压等于变压器低压侧的额定电压 36V，按表 1-9-2 读取各表数据，并计算相应的变压器变比 $K=U_{1N}/U_{2o}$ 和空载时的功率因数 $\cos\phi_o=P_o/(U_{1N}I_o)$。

表 1-9-2

测　量　数　据					计算数据
U_{1N}/V	U_{2o}/V	I_o/A	P_o/W	$\cos\phi_o$	变压器变比 K

（3）将高压线圈（副边）开路，确认调压器处在零位后，合上电源，调节调压器输出电压，使 U_1 从零逐次上升到 1.2 倍的额定电压（1.2×36V），分别记下各次测得的 U_1、U_{2o} 和 I_{1o}，数据记入表 1-9-3，并绘制变压器的空载特性曲线。

表 1-9-3

U_1/V	5	10	15	20	25	30	35	40	43
U_{2o}/V									
I_{1o}/A									

3. 负载实验

将负载灯泡并联接入变压器的 220V 一侧，低压侧电压 U_1 调到 36V，逐次增加负载至额定值，记下各表的读数，并计算变压器电压变动率 $\Delta U\%$ 和效率 η，数据填入表 1-9-4。实验完毕将调压器调回零位，断开电源。根据所测数据绘制变压器负载特性曲线（本实验灯泡做负载，在额定状态下灯泡的功率比表称值大，因此负载的个数不要超过 4 个，以免损坏变压器）。

表 1-9-4

测量项目 \ 开灯盏数	0	1	2	3	计算数据	
U_1/V					$\Delta U \%$	η
U_2/V						
I_2/A						
P_1/W						

4. 短路实验

按图 1-9-3 接好线路，首先检查调压器的旋钮是否置于零位，经确认后将低压侧短路，高压侧加电压，调压器旋钮必须从零的位置开始慢慢升到高压测电流为额定值 $I_{2N}=1.4A$ 时为止。记录原边电流 I_{1N}、短路电压 U_d 和满载铜损 P_{CuN} 各数据，并计算短路阻抗 Z_d、短路电阻 R_d 和短路漏抗 X_d，数据记入表 1-9-5 中。实验完毕将调压器调回零位，断开电源。

表 1-9-5

测 量 数 据				计 算 数 据		
I_{1N}/A	U_d/V	I_{2N}/A	P_{CuN}/W	Z_d/Ω	R_d/Ω	X_d/Ω

五、实验注意事项

（1）空载实验和负载实验是将变压器作为升压变压器使用，而短路实验是将变压器作为降压变压器使用，故使用调压器时应首先调至零位，然后才可合上电源。

（2）调压器输出电压必须用电压表监视，防止被测变压器输出过高电压而损坏实验设备，且要注意安全，以防高压触电。

（3）由空载实验转到负载实验或到短路实验时，要注意及时变更仪表量程。

（4）遇异常情况，应立即断开电源，待处理好故障后，再继续实验。

六、实验预习要求

（1）为什么做开路和负载实验将低压绕组作为原边进行通电实验？实验过程中应注意什么问题？

（2）为什么变压器的励磁参数一定是在空载实验加额定电压的情况下求出？

（3）为什么短路实验要将低压侧短路？实验过程中应注意什么问题？

七、实验报告要求

（1）根据表 1-9-3 和表 1-9-4 所测数据，绘出变压器的外特性和空载特性曲线。

（2）根据额定负载时测得的数据，计算变压器的各项参数。

（3）总结本次实验的结论和收获体会。

实验十 三相电路功率的测量

一、实验目的

（1）掌握用一瓦特表法、二瓦特表法测量三相电路有功功率与无功功率的方法。

(2) 进一步熟练掌握瓦特表的接线和使用方法。

二、原理说明

1. 三相有功功率的测量

根据负载的连接方式的不同，三相电路有功功率可以采用一瓦特表法、两瓦特表法和三瓦特表法来测量。

(1) 三瓦特表法。对于三相四线制供电的星接三相负载（即Y_0接法），可用三只瓦特表分别测量各相负载的有功功率P_A、P_B、P_C，三相功率之和（$\sum P = P_A + P_B + P_C$）即为三相负载的总有功功率值。实验线路如图1-10-1所示。若三相负载是对称的，则只需测量一相的功率即可，该相功率乘以3即得三相总的有功功率。

三只瓦特表的接法分别为(i_A, U_A)、(i_B, U_B)和(i_C, U_C)，其连接特点为：每一表的电流线圈串接在每一相负载中，其极性端（*I）接在靠近电源侧；而电压线圈的极性端（*U）各自接在电流线圈的极性端（*I）上，电压线圈的非极性端均接到中性线N_0上。

根据上述特点，可以采用一只瓦特表和三个电流插孔来代替三块瓦特表使用。

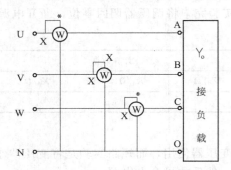

图1-10-1 三瓦特表法测Y_0接负载的有功功率

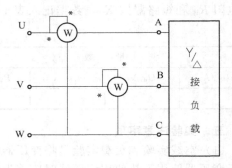

图1-10-2 二瓦特表法测三相无功功率

(2) 二瓦特表法。对于三相三线制（Y接或△接）负载，不论其是否对称，都可按图1-10-2所示的电路采用两只瓦特表测量三相负载的总有功功率。

可以证明，三相电路总有功功率P是两只瓦特表读数P_1和P_2的代数和。图1-10-2中两表测量的是：A相电流与A、C相的电压(I_A, U_{AC})；B相电流与B、C相的电压(I_B, U_{BC})。

$$P_1 = U_{AC} I_A \cos\phi_1, \quad P_2 = U_{BC} I_B \cos\phi_2$$

式中，ϕ_1、ϕ_2为相应的相电流对相应的线电压的相位差。

由图1-10-3所示相量图可知

$$\phi_1 = 30° - \phi, \quad \phi_2 = 30° + \phi$$

式中，ϕ为相电流对相电压的相位差。

设负载是对称的

$$U_{AC} = U_{BC} = U_1, \quad I_A = I_B = I_1$$

则两表之和

$$P_1 + P_2 = \sqrt{3} U_1 I_1 \cos\phi$$

即为三相负载的总有功功率。

读者可以归纳出另外两种接法并画出线路图。

若负载为感性或容性，且当相位差$\phi > 60°$时，线路中的一只瓦特表指针将反偏（对于数字式功率表将出现

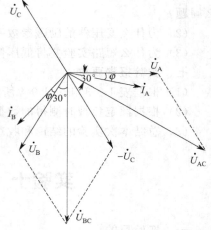

图1-10-3 Y接电压电流向量图

负读数），这时应将瓦特表电流线圈的两个端子调换（不能调换电压线圈端子），而读数应记为负值。

2. 三相无功功率的测量

对于三相三线制对称负载，可用一只瓦特表测得三相负载的总无功功率 Q，测试原理线路如图 1-10-4 所示。

图中测量的是 A 相电流与 B、C 相的电压，I_A 对 U_{BC} 的相位差

$$\theta = 90° - \phi \quad （容性负载为 90° + \phi）$$

瓦特表的读数

$$P' = U_{BC} I_A \cos(90° \pm \phi) = \pm U_1 I_1 \sin\phi$$

由无功功率的定义

$$Q = \sqrt{3} U_1 I_1 \sin\phi$$

可知

$$Q = \sqrt{3} P'$$

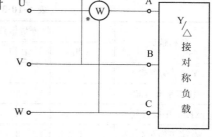

图 1-10-4 一瓦特表法测三相无功功率

即对称三相负载总的无功功率为图示瓦特表读数的 $\sqrt{3}$ 倍。

除了上图给出的一种连接法（I_A, U_{BC}）外，还可以有另外两种连接法，即接成（I_B, U_{CA}）或（I_C, U_{AB}）。

三、实验设备

如表 1-10-1 所示。

表 1-10-1

序号	名 称	型号与规格	数量	备 注
1	交流电压表		2	RTT03-1
2	交流电流表		2	RTT03-1
3	单相功率表		2	RTT04
4	万用表		1	自备
5	三相自耦调压器		1	控制屏
6	三相灯组负载	220V/10W 白炽灯	9	RTDG07
7	三相电容负载	1、2.2、4.7μF/400V	各3	RTDG07

四、实验内容

1. 用一瓦特表法测 Y_0 接三相负载的有功功率

按图 1-10-1 线路接线，线路中的电流表和电压表用以监视三相电流和电压，不要超过瓦特表电压线圈和电流线圈的量程。

经指导教师检查后，接通三相电源，调节调压器输出，使输出线电压为 220V，按表 1-10-2 的要求进行测量及计算。

表 1-10-2 测定三相四线 Y_0 接负载的有功功率

负载情况	开灯盏数			测量数据			计算值
	A 相	B 相	C 相	P_A/W	P_B/W	P_C/W	$\sum P$/W
Y_0 接对称负载	3	3	3				
Y_0 接不对称负载	1	2	3				

2. 用两表法测三相负载的有功功率

(1) 按图 1-10-2 接线,将三相灯组负载接成Y形接法。

经指导教师检查后,接通三相电源,调节调压器的输出线电压为 220V,按表 1-10-3 的内容进行测量。

(2) 将三相灯组负载改接成△形接法,重复(1)的测量步骤,数据记入表 1-10-3 中。

表 1-10-3　两表法测三相负载的有功功率

负载情况	开灯盏数			测量数据			计算值
	A 相	B 相	C 相	P_A/W	P_B/W	P_C/W	ΣP/W
Y接平衡负载	3	3	3				
Y接不平衡负载	1	2	3				
△接不平衡负载	1	2	3				
△接平衡负载	3	3	3				

3. 用一瓦特表法测定三相对称负载的无功功率

按图 1-10-4 所示的电路接线,每相负载由白炽灯和电容器并联而成,并由开关控制其接入。检查接线无误后,接通三相电源,将调压器的输出线电压调到 220V,读取三表的读数,并计算无功功率ΣQ,记入表 1-10-4。

表 1-10-4　无功功率的测量

负载情况			测量值			计算值
A 相	B 相	C 相	P_A/W	P_B/W	P_C/W	$\Sigma Q=\sqrt{3}Q$
10W×3	10W×3	10W×3				
4.7μF	4.7μF	4.7μF				
R//C	R//C	R//C				

五、实验注意事项

(1) 每次实验完毕,均需将三相调压器旋柄调回零位。

(2) 每次改变接线,均需断开三相电源,以确保人身安全。

六、实验预习要求

(1) 复习二瓦特表法测量三相电路有功功率的原理,画出瓦特表另外两种连接方法的电路图。

(2) 复习一瓦特表法测量三相对称负载无功功率的原理,画出瓦特表另外两种连接方法的电路图。

七、实验报告要求

(1) 完成数据表格中的各项测量和计算任务,比较一瓦特表和二瓦特表法的测量结果。

(2) 总结、分析三相电路有功功率和无功功率的测量原理及电路特点。

实验十一　三相异步电动机继电接触器控制的基本实验

一、实验目的

(1) 了解铭牌数据的含义。

(2) 学习电动机绝缘电阻和转速的测量方法。

(3) 了解常用控制电器的结构，熟悉三相异步电动机直接启动控制电路及接线方法。

二、实验简述

电机铭牌数据是正确使用电机的主要依据，应明确其物理意义，并根据铭牌要求正确使用电动机。异步电动机的绝缘电阻是指各绕组对地（即机壳）之间及各绕组相互间的电阻。对额定功率小于 100kW，额定电压为 380V 的电机，要求绝缘电阻不得低于 0.5MΩ。绝缘电阻用兆欧表测量。

三、实验仪器和设备

(1) 数字万用表　　　　　　　(2) 鼠笼式异步电动机

(3) 兆欧表　　　　　　　　　(4) 转速表

(5) 交流接触器　　　　　　　(6) 热继电器

(7) 按钮实验板

四、实验内容及步骤

1. 熟悉电机铭牌

记录电机铭牌数据，注明各数据的意义。

2. 电机绝缘性能的检查

(1) 用万用表的欧姆挡判断三相定子绕组，找出六个出线端子中哪两个是一相绕组。

(2) 用兆欧表分别测量三相定子绕组间及各绕组对地间的绝缘电阻值，检查是否满足绝缘要求。

3. 三相异步电动机的直接启动

(1) 在 380V 电源线电压下，按铭牌要求正确接好电动机的三相定子绕组。

(2) 仔细观察按钮，交流接触器，热继电器的结构，分清线圈，热元件，各触点的位置。

(3) 按图 1-11-1 接线，先接主电路，再接控制电路。接好线后，在断电的情况下，用万用表检查控制电路。可按下常开按钮 SB_2，用万用表的欧姆挡检查控制电路 UW 两点间的阻值是否等于控制线圈 KM 的阻值，若等于，可合上电源。

(4) 分别按启动按钮和停止按钮，观察电器及电动机的启动、停止的工作情况。

(5) 测量电动机的空载转速。

(6) 在断电的情况下，除去自锁点。重新通电，按动按钮，观察电动机的点动工作情况，了解自锁触点的作用。

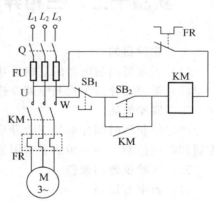

图 1-11-1　三相异步电动机
直接启动控制原理图

4. 三相异步电动机的正反转控制

(1) 按图 1-11-2 接线。注意互锁点 KM_1 和 KM_2 的连接，检查无误后接通电源。

(2) 分别按正转启动按钮 SB_1，停止按钮 SB_3 及反转启动按钮 SB_2，观察各电器工作状态及电机启动、停止、正反转运行情况。

(3) 观察互锁点的作用。

五、实验预习要求

(1) 复习三相异步电动机铭牌数据的意义。

(2) 了解按钮、交流接触器和热继电器的结构及工作原理。读懂图 1-11-1 三相异步电动机直接启动控制电路的工作原理，了解自锁及点动的概念。

(3) 读懂图 1-11-2 正反转控制电路，注意自锁点和互锁点的接法。

(4) 预习第五章第二节中兆欧表的使用方法。

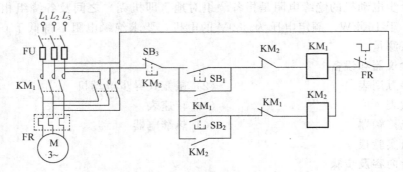

图 1-11-2　三相异步电动机正反转控制原理图

六、实验报告要求

(1) 解释实验中所用电动机的铭牌数据含义。

(2) 分析讨论实验中所观察到的现象（包括故障的分析和排除，兆欧表和转速表的使用）。

(3) 解释为什么电机的空载转速大于铭牌上标出的额定转速。

实验十二　三相异步电动机的时间控制和顺序控制

一、实验目的
(1) 了解时间继电器的结构、功能及使用方法。
(2) 学习设计简单控制电路及排除故障的方法。

二、实验简述
顺序控制和时间控制是三相异步电动机的常用控制，本实验通过三相异步电动机的顺序控制和时间控制，进一步熟悉常用低压控制电器的结构、性能和使用方法。

三、实验仪器和设备
(1) 数字万用表　　　　　　　　(2) 鼠笼式异步电动机
(3) 交流接触器　　　　　　　　(4) 热继电器
(5) 白炽灯　　　　　　　　　　(6) 时间继电器
(7) 按钮实验板

四、实验内容及步骤
1. 设计延时启动控制电路

(1) 内容及要求：设计一台电动机和一盏白炽灯顺序延时动作的控制电路，要求按下启动按钮白炽灯亮；灯亮后约 5s，电动机自行启动；电动机和灯同时关断。电动机要有短路保护，失压保护和过载保护。

(2) 说明：电源线电压 380V，交流接触器线圈及时间继电器线圈的额定电压为 380V，白炽灯的额定电压为 220V。

2. 设计顺序控制电路

内容及要求：设计一台电动机和一盏白炽灯的顺序工作控制电路，要求按下启动按钮白炽灯亮，电动机才能启动；电动机停止运行，白炽灯才能灭。电动机要有短路保护、失压保护和过载保护。

五、实验预习要求
(1) 复习时间继电器的结构及动作原理。
(2) 设计延时启动控制电路。
(3) 设计顺序控制电路。

六、实验报告要求
(1) 总结设计继电接触器控制线路的体会。
(2) 总结继电接触器控制线路的接线技巧。

实验十三　异步电动机的能耗制动控制

一、实验目的
(1) 通过实验进一步理解三相鼠笼式异步电动机能耗制动原理。
(2) 增强实际连接控制电路的能力和操作能力。

二、原理说明
(1) 三相鼠笼电动机实现能耗制动的方法是：在三相定子绕组断开三相交流电源后，在两相定子绕组中通入直流电，以建立一个恒定的磁场，转子的惯性转动切割这个恒定磁场而感应电流，此电流与恒定磁场作用，产生制动转矩使电动机迅速停车。

(2) 在自动控制中，通常采用时间继电器，按时间原则进行制动过程的控制。可根据所需的制动停车时间来调整时间继电器的延时，以使电动机刚一制动停车，就使接触器释放，切断直流电源。

(3) 能耗制动过程的强弱与进程，与通入直流电流和电动机转速有关，在同样的转速下，电流越大制动作用就越强烈，一般直流电流取为空载电流 3~5 倍为宜，通常可通过调节制动电阻 R_T 的大小来完成。

三、实验设备
如表 1-13-1 所示。

表 1-13-1

序号	名称	型号与规格	数量	备注
1	三相交流电源	220V	1	RTDG-1
2	三相异步电动机		1	RTDJ35
3	交流接触器	CJ10-10		RTDJ13-3
4	时间继电器	ST3PF	1	RTDJ13-2
5	整流变压器		1	RTDJ13-3
6	整流桥堆		1	RTDJ13-3
7	制动电阻	100Ω/20W	3	

四、实验内容

(1) 电动机接成△接法，实验线路电源端接三相自耦调压器（U,V,W），供电线电压为220V。

初步整定时间继电器的延时，可先设置的大一些（约5～10s）。

调节能耗制动电阻 R_T 值（串或并联），可先设置的大一些，如取 $R_T=100\Omega$。

(2) 开启控制屏电源总开关，按启动按钮，调节调压器输出，使输出线电压为220V，按停止按钮，切断三相交流电源。

(3) 按图 1-13-1 接线，并用万用表检查线路连接是否正确。

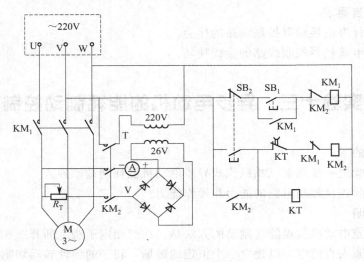

图 1-13-1　接线图

(4) 自由停车操作先断开整流电源（如拔取接在 V 相上的整流电源线），按下 SB_1，使电动机启动运转，待电动机运转稳定后，按下 SB_2，用秒表记录电动机自由停车时间。

(5) 制动停车操作。接上整流电源（即插回接通 V 相的整流电源线）。

① 按下 SB_1，使电动机启动运转，待运转稳定后，按下 SB_2，观察并记录电动机从按下 SB_2 起至电动机停止运转的能耗制动时间 t_z 及时间继电器延时释放时间 t_F，一般应使 $t_F > t_z$。

② 重新整定时间继电器的延时，以使 $t_F = t_z$，即电动机一旦停转便自动切断直流电源。

③ 增大或减小 R_T 的阻值，观察并记录电动机能耗制动时间 t_z。

五、实验注意事项

(1) 每次调整时间继电器的延时，要摇开挂箱的面板，因此在调整时都必须在断开三相电源后进行，不可带电操作。

(2) 接好线路必须经过严格检查，决不允许同时接通交流和直流两组电源，即不允许 KM_1、KM_2 同时得电。

六、实验预习要求

(1) 为什么交流电源和直流电源不允许同时接入电机定子绕组？

(2) 电机制动停车需在两相定子绕组通入直流电，若通入单相交流电，能否起到制动作用，为什么？

七、实验报告要求

(1) 归纳总结实验现象和结果。

(2) 回答实验预习要求中的有关问题。

实验十四 PC 的基本操作练习

一、实验目的

熟悉 OMRON C 系列 P 型 PC 主机及编程器面板上各部分的作用,学会用编程器编程。

二、实验简述

可编程序控制器(PC)是近年来发展极为迅速、应用越来越广泛的工业控制装置。它不仅可以取代继电器、控制盘为主的顺序控制器,而且成为生产过程控制的重要手段,在工业上的应用越来越广泛。

目前生产可编程序控制器的厂家很多,不同的编程器在结构、性能、指令系统、编程器上各有不同,本实验采用的 PC 是日本 OMRON 公司生产的 C28P,I/O 点数为 16/12。

本实验用来了解 PC 是如何工作的,包括编程,以及对编程器的操作等。

三、实验仪器和设备

(1) OMRON C28P 机及编程器　　　　(2) 输入开关量控制板

四、实验内容及步骤

1. 接线

首先根据接线图 1-14-1,在主机输入端子上接模拟开关(如在 0001 和 0002 两个端子上接两个开关)。注意 OMRON C28P 提供输入端子所需的 24V 直流电源。然后接主机电源,连接主机与编程器,将工作开关放在"PROGRAM"状态。下面以图 1-14-2 的梯形图为例说明编程过程。

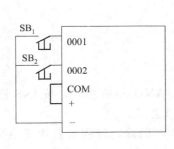

图 1-14-1　接线图

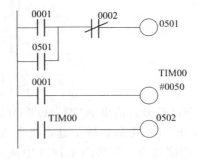

图 1-14-2　梯形图

2. 编程操作

(1) 程序清零。将主机 RAM 中的程序清零,其按键操作过程为

CLR → PLAY/SET → NOT → REC/RESET → MONTR → CLR

显示屏上显示为"0000",表示 RAM 中的程序已经被清零,地址从"0000"开始建立。若地址从"0200"开始,则按 0200 数字键即可。

(2) 程序写入。下面举例说明程序写入的方法。

① 将 LD 0001 写入主机 RAM 中,按键过程为 LD → 1 → WRITE

按 LD 显示
```
0200
 LD   0000
```

按 1 显示　　　0200
　　　　　　　LD　0001

按 WRITE 显示　0201 READ
　　　　　　　NOP（00）

按 WRITE 键后，指令 LD 0001 写入内存，并且显示屏上的地址加 1。READ 意味着正在读程序，而 NOP 意为新地址 0201 处没有任何操作，可以输入下一条指令。这里每输入一条指令后都要按 WRITE 键，否则不能将指令写入内存。

② 在地址 0210 处输入 TIM00 ≠ 0050 指令，按键过程为

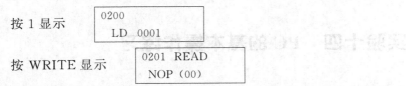

按两次 WRITE 键，只输入一条指令，地址仅增加 1。
有关 CNT 指令的输入与 TIM 指令类似。
③ 程序输入完毕，应输入 END 指令，输入 END 指令按键过程如下

(3) 程序读出。把已经输入到 PC 中的程序读出进行校对，过程为：输入程序的首地址，然后按向下的指针键，读出指令。继续按向下的指针键，直到程序结束。
(4) 程序检查。输入程序后，可按 CLR 键和 SRCH 键检查输入的程序是否有误。
(5) 程序修改。
① 插入语句。如图 1-14-3 所示，把常开触点 0005 插入到常闭触点 0002 之前。

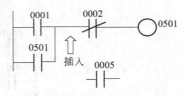

图 1-14-3　梯形图修改示意

操作过程为：读出 AND NOT 0002 指令，然后输入 AND 0005 指令，按 INS 键，这时显示 INSERT？提示，按↓键，指令 AND 0005 即插入进去了。

② 删除指令。若将图 1-14-3 中插入的指令 AND 0005 删除，过程为：读出 AND 0005 指令，按 DEL 键，再按↑键。

3. 运行操作
将运行开关接通，使主机进入运行状态，并使编程器处于 RUN 或 MONITOR 状态下，以便监视数据。
(1) 监视 I/O 继电器状态。
例如监视 0501 的状态，操作过程如下。

(2) 对 CNT/TIM 的监视。
例如监视 TIM00 的状态，其操作过程为

```
CLR → TIM → 0 → 0 → MONTR
```

每隔 100ms，TIM 数值减 1，直到减为 0000，显示

```
T00
O0000
```

在 0000 前的字母 O 表示 TIM00 继电器状态为 ON。

五、实验预习要求
(1) 复习有关 PC 的基本知识、基本结构、工作原理、梯形图和基本指令。
(2) 阅读附录中有关 PC 编程器的知识。

六、实验报告要求
写出图 1-14-1 程序的输入过程，运行和监视状态。

实验十五　PC 基本指令综合练习

一、实验目的
(1) 掌握 PC 基本指令的功能。
(2) 了解 PC 输出与负载间的接线方法。
(3) 进一步熟悉编程器的使用方法。

二、实验简述
本实验通过控制电动机的正反转以及延时控制电路，进一步熟悉使用 PC（包括外电路的连接、编程器的使用等）。

三、实验仪器和设备
(1) 数字万用表　　　　　　　　(2) 鼠笼式异步电动机
(3) 交流接触器　　　　　　　　(4) 白炽灯
(5) 输入开关量控制板　　　　　(6) OMRON C28P 机及编程器

四、实验内容与步骤
1. 用 PC 实现三相异步电动机的正反转控制

(1) 图 1-15-1 是三相异步电动机的正反转控制电路。图 1-15-2 是三相异步电动机的正反转控制的梯形图，其 I/O 分配表为表 1-15-1。根据图 1-15-1 接线。

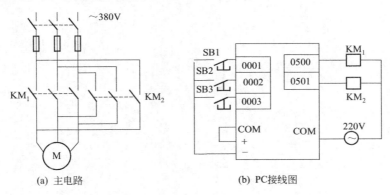

图 1-15-1　三相异步电动机的正反转控制电路

(2) 将图 1-15-2 的梯形图转换成 PC 指令助记符。
(3) 用编码器输入指令助记符,并运行。

表 1-15-1 I/O 分配表

	输入点编号	输出设备	输出点编号
正转启动按钮	0001	电机正转接触器	0500
反转启动按钮	0002	电机反转接触器	0501
停止按钮	0003		

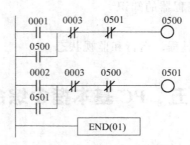

图 1-15-2 三相异步电动机的正反转控制电路

2. 自行设计电动机与灯的延时控制

(1) 控制要求:按下启动按钮,灯亮;灯亮 5s 后电动机自行启动;电动机和灯同时关断。
(2) 在 PC 机上验证自己的设计。

五、实验预习要求

(1) 复习 PC 的编程器操作知识。
(2) 读懂用 PC 控制电动机正反转的电路图,并根据梯形图写出 PC 指令助记符。
(3) 设计电动机与灯的延时控制电路,画出外部电路、梯形图及相应的 PC 指令助记符。

六、实验报告要求

通过本实验总结用 PC 控制电动机正反转和设计顺序延时控制电路的体会。

第二章 电子技术实验

实验一 整流、滤波、稳压电路

一、实验目的
(1) 熟悉整流、滤波电路的工作原理。
(2) 熟悉半导体直流稳压源的组成及各部分的作用。

二、实验简述
直流稳压电源是把交流电压变成直流电压的装置。它主要由整流、滤波及稳压电路三部分电路组成。

整流电路主要是利用半导体二极管的单向导电性把交流电压换成单向脉动电压,然后再由滤波电路把脉动电压中大部分交流成分滤掉,从而得到比较平滑的直流电压。为进一步提高直流电源的稳定度,在滤波电路之后需采用稳压电路。

半导体稳压电源各部分电路有多种形式。本实验主要讨论单相半波和桥式整流电路、C 滤波电路及稳压管稳压电路。通过数据测量和波形观察进一步了解直流稳压电源的性能。

三、实验仪器和设备
(1) 示波器　　　　　　　　　　(2) 数字万用表
(3) 调压器　　　　　　　　　　(4) 实验板

四、实验内容和步骤
熟悉实验线路工作原理、实验板上元件的位置,记录二极管整流桥块及稳压管的型号,了解接线方法。本实验各图中参数仅供参考,各实验室可作适当调整。

将自耦调压器的调压手柄旋至零位。调节电位器 R_P 使负载电阻 $R_L=1\text{k}\Omega$($R_L=R_P+R_1$)。

1. 半波整流及滤波电路

(1) 按图 2-1-1 接线(先不接电容 C),检查无误后接通电源。

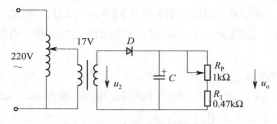

图 2-1-1　半波整流滤波电路

(2) 调整自耦调压器使整流变压器副边电压有效值 $U_2=17\text{V}$。
(3) 测量负载电阻 R_L 两端整流输出平均电压 U_o 的值,并用示波器分别观察 u_2 及 u_o 波形。将数据记入表 2-1-1 中。

(4) 分别接入滤波电容 $C=50\mu F$，重复步骤 (3) 的实验内容。

注意，①整流滤波实验过程中要保持负载电阻 R_L 不变。②示波器 Y 轴衰减位置不变，始终置于同一挡位。输入采用直流耦合方式（DC）。③实验中不要用示波器双通道同时观察变压器交流侧 u_2 与负载两端波形，以免造成电源短路。

2. 桥式整流及滤波电路

(1) 按图 2-1-2(a) 接线（先不接电容 C），仍使 $U_2=17V$。

(2) 测量负载电阻 $R_L=1k\Omega$ 时的整流输出平均电压 U_o 的值，并观察波形，数据及波形记入表 2-1-1 中。

表 2-1-1

电　路	滤波形式	变压器副边电压 U_2	输出直流电压 U_o	u_o 波形
半波整流滤波电路	无			
	$C=50\mu F$			
	$C=100\mu F$			
桥式整流滤波电路	无			
	$C=50\mu F$			
	CRC 滤波			

(3) 接入电容 $C=50\mu F$，重复步骤 (2) 的实验内容。

(4) 将电容滤波换成图 2-1-2(b) 的 CRC（π形）滤波电路，重复步骤 (2) 的内容。

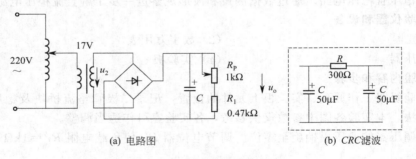

(a) 电路图　　　　　　　　　　(b) CRC滤波

图 2-1-2　桥式整流滤波电路

3. 硅稳压管稳压电路

(1) 按图 2-1-3 接线，检查无误后方可接通电源。

(2) 改变电源电压，观察负载电压的变化。调 $R_P=1k\Omega$，使 $R_L=1.47k\Omega$，调整自耦调压器使变压器副边电压 U_2 分别为 15V、17V、19V 时，测出相应负载两端电压 U_o 值。记入表 2-1-2 中。

(3) 改变负载电阻观察 U_o 的变化。

把变压器副边调至 17V，改变 R_P 使负载电阻 R_L 分别为 $0.47k\Omega$、$1.47k\Omega$ 时，测出两种情况下的 U_o 值。记入表 2-1-2 中。

(4) 观察无稳压情况下，负载电压 U_o 的变化。

去掉图 2-1-3 中限流电阻 R 和稳压管 D_Z，重复上述步骤 (2) 和 (3) 的内容，数据仍记入表 2-1-2 中。

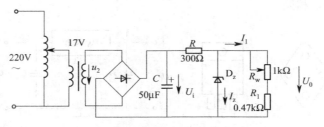

图 2-1-3 硅稳压管稳压电路

表 2-1-2

电　　路		无稳压时 U_o/V	稳压管稳压电路 U_o/V
变压器副边电压 U_2/V ($R_L=1.47\text{k}\Omega$)	15		
	17		
	19		
负载电阻 R_L/kΩ ($U_2=17\text{V}$)	0.47		
	1.47		

五、实验预习要求

(1) 复习单相半波、单相桥式整流的工作原理。注意输出直流电压与变压器副边电压的数值关系及波形关系。

(2) 预习硅稳压管稳压原理。

思考：若不接限流电阻，直流把稳压管接在桥式整流滤波的后边，会发生什么问题？

六、实验报告要求

(1) 分析表 2-1-1 中几种情况下 U_o 与 U_2 的关系并与理论值比较。

(2) 分析表 2-1-2 中的数据，进一步体会稳压电路的作用。

(3) 对直流稳压电源的原理和性能有何进一步认识。

实验二　集成稳压电路的应用

一、实验目的

(1) 学习 W7800 和 W7900 稳压器的使用。

(2) 掌握整流、滤波、稳压电路的工作原理。

(3) 熟悉稳压电路技术指标的意义和计算方法。

(4) 学会测量直流稳压电源的稳压系数、电压调整率、电流调整率、纹波系数等技术指标。

二、实验简述

1. 集成稳压器工作原理

W7800 系列稳压器内部电路是串联型晶体管稳压电路，图 2-2-1 是它的外形、管脚和接线图，这种稳压器只有输入端 1、输出端 2 和公共端 3 三个引出端。使用时只需在其输入端和输出端与公共端之间各并联一个电容即可。C_i 用以抵消输入端较长接线的电感效应，防止产生自激振荡，接线不长时也可不用。C_i 一般在 $0.1\sim1\mu\text{F}$ 之间。C_o 是为了瞬时增减负载电流时不致引起输出电压有较大的波动。C_o 一般取 $1\mu\text{F}$。W7900 系列输出固定的负电压，其参数与 W7800 基本相同。

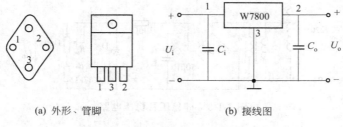

(a) 外形、管脚　　　　　　(b) 接线图

图 2-2-1　W7800 系列稳压器

2. 稳压系数 S_r、电压调整率 S_u

当负载不变，输出电压相对变化量与输入电压相对变化量之比称为稳压系数。工程上把电网电压波动 10% 作为极限条件，将输出电压的相对变化作为衡量指标，称为电压调整率。

$$S_r = \dfrac{\Delta U_o / U_o}{\Delta U_i / U_i}\bigg|_{R_L=常数}, \quad S_u = \dfrac{\Delta U_o}{U_o}\bigg|_{R_L=常数}$$

式中，ΔU_i 为输入电压变化量；ΔU_o 为输出电压变化量。

3. 输出电阻 R_o、电流调整率 S_i

R_o 表征为输入电压不变，负载变化时，稳压电路输出电压保持稳定的能力。工程上把输出电流 I_o 从零变到额定输出值时，输出电压的相对变化称为电流调整率 S_i。

$$R_o = \dfrac{\Delta U_o}{\Delta I_o}\bigg|_{U_i=常数}, \quad S_i = \dfrac{\Delta U_o}{U_o}\bigg|_{U_i=常数}$$

三、实验仪器和设备

(1) 示波器　　　　　　　　　　(2) 数字万用表
(3) 晶体管毫伏表　　　　　　　(4) 交流调压器
(5) 电子技术学习机或其他模拟实验装置

四、实验内容和步骤

1. 设计输出电压可调稳压电路

(1) 电路图如图 2-2-2 所示，请选择设计图中各元件参数，使 $U_o = 5 \sim 12\text{V}$ 连续可调，最大输出电流 $I_{max} \leqslant 100\text{mA}$。已知输入交流电压为 220V，$f=50\text{Hz}$，变压器副边输出 17V。集成稳压器采用 W7800 系列。（注意：变压器副边输出 17V 仅为参考，具体可视实验室条件调整，一般选 15～18V 均可。图 2-2-3 同）

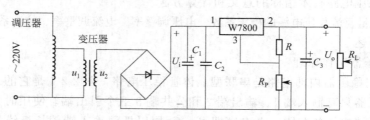

图 2-2-2　输出电压可调稳压电路

(2) 按自行选择的参数连接图 2-2-2 所示线路，调整电位器 R_P，测量输出电压 U_o 的调

节范围。

(3) 在 R_L 保持不变的情况下，调节 R_P，使 U_o 为 12V，通过调压器使 u_1 分别增加和减小 10％（242V 和 198V），测量稳压电路的输入电压 U_i 和输出电压 U_o。将其记入表 2-2-1 中，并计算稳压系数及电压调整率。

表 2-2-1

u_1	198V	220V	242V
U_i			
U_o			
S_r			
S_u			

(4) 测量输出电阻 R_o、电流调整率 S_i。断开负载 R_L，在 $u_1 = 220\text{V}$ 的情况下，调节 R_P，使 U_o 为 12V。接入负载电阻 R_L，调节 R_L 使 I_o 分别为 25mA、50mA，测量输出电压 U_o，将其记入表 2-2-2 中，并计算输出电阻及电流调整率。

表 2-2-2

I_o	0	25mA	50mA
U_o			
R_o			
S_i			

2. 设计输出正负电压的直流稳压电源

(1) 电路设计如图 2-2-3 所示，要求输出电压为 ±12V，最大输出电流 $I_{max} \leqslant 50\text{mA}$。集成稳压器采用 W7800、W7900 系列。请自行选择各元件参数实现之。

(2) 测量输出电压值，与设计值比较。

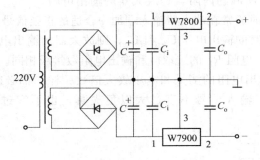

图 2-2-3 正负输出电压的直流稳压电源

五、实验预习要求

(1) 复习整流、滤波、稳压电路的工作原理。
(2) 熟悉 W7800、W7900 系列集成稳压器。
(3) 了解稳压电路各项技术指标的意义。
(4) 根据实验要求，选择好各元件参数。

六、实验报告要求

(1) 根据实验数据，分析实验电路的性能及特性。

（2）谈谈对集成稳压器使用的体会。

实验三　分压式偏置电路

一、实验目的
（1）掌握放大电路静态工作点的调整和测试方法。
（2）了解静态工作点对电压放大倍数的影响，学习电压放大倍数的测试方法。
（3）学习放大器输入电阻、输出电阻的测试方法。
（4）熟悉常用电子仪器的使用。

二、实验简述

1. 静态工作点的调整
对电压放大电路的基本要求是：波形不失真，并有足够的电压放大倍数。因此晶体管必须工作在线性放大区范围内。如果静态工作点选择不当或输入信号过大，都会引起非线性失真。为获得合适的静态工作点，可以调节上偏置电阻 R_P。

2. 电压放大倍数的测量
在放大电路的输入端加一合适的正弦信号，在输出不失真且无振荡情况下，用交流毫伏表测量输出、输入的电压，两者之比即为放大电路的电压放大倍数 $|A_u|$，$|A_u|=U_o/U_i$。

3. 输入电阻的测量
因为放大器对信号源来说就是其负载，所以在测量输入电阻时只要在信号源与放大器之间串接一个已知电阻 R，如图 2-3-1 所示，根据分压原理，用数字万用表分别测出 U_i 和 U_i'，则输入电阻 $r_i=RU_i'/(U_i-U_i')$。电阻 R 值的选取应和输入电阻数量级相同。

4. 输出电阻的测量
从放大器输出端看进去，放大器为一有源二端网络，根据戴维宁定理，放大器可等效成一个电压源，这个等效电压源的内阻就是放大器的输出电阻。

所以，测量输出电阻时通常在放大器输入端加一合适的正弦信号，用数字万用表分别测出负载开路和接上固定负载时的输出电压 U_o 和 U_o'，则放大器的输出电阻 $r_o=R_L(U_o-U_o')/U_o'$，测量线路如图 2-3-2 所示。电阻 R_L 的选取应和输出电阻数量级相同。

注意：输入电阻和输出电阻的测量和电压放大倍数一样，都必须在放大器工作正常，波形不失真的情况下进行。输入信号不宜过大以免失真，也不宜过小以致引入干扰和不便观察。

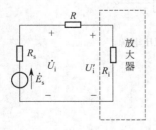

图 2-3-1　放大器输入电阻测试线路

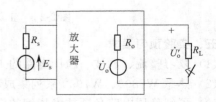

图 2-3-2　放大器输出电阻测试线路

三、实验仪器和设备
（1）直流稳压电源　　　　　　　　　　　　（2）低频信号发生器

（3）示波器　　　　　　　　　（4）数字万用表

（5）电子技术学习机或实验板

四、实验内容和步骤

1. 调整与测试静态工作点

（1）按实验线路图 2-3-3 所示连接线路。

（2）调节电位器 R_P，使 $V_C=6\sim 7V$。输入 $U_i=10mV$，$f=1kHz$ 的正弦信号，用示波器观察放大器输出波形是否失真，若失真调整 R_P 使波形不失真。

（3）测定放大器的静态工作点。将输入信号断开用数字万用表测量出管子各极对"地"电位以及基极和集电极电流。记入表 2-3-1 中。

（图 2-3-3 中各元件参数仅供参考，可根据实验室情况做调整）

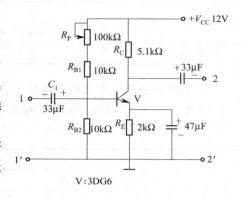

图 2-3-3　单管电压放大电路

表 2-3-1

	V_B/V	V_E/V	V_C/V	$I_B/\mu A$	I_C/mA
计算值					
测量值					

2. 测量电压放大倍数

保持上述不失真时静态工作点，输入正弦信号：$U_i=10mV$，$f=1kHz$，当 R_L 分别为 ∞ 及 $5.1k\Omega$ 时，测量输出电压值，并记入表 2-3-2 中。

表 2-3-2

R_L	U_i/mV	U_o/mV	计算电压放大倍数 $|A_u|$
∞			
$5.1k\Omega$			

3. 测量输入电阻

（1）按图 2-3-1 所示，在放大电路输入端串联 $1k\Omega$ 电阻接至信号源并将放大器输出端开路。

（2）加大输入信号，使 U_i' 保持 $10mV$，$f=1kHz$，测量有关数据 U_i 和 U_i'，记入表 2-3-3 中。

表 2-3-3

条件	测量值		计算值
	U_i/mV	U_i'/mV	r_i
保持不失真时静态值			

4. 测量输出电阻

（1）在输入端去掉串入的 $1k\Omega$，并使输入 U_i 保持 $10mV$，$f=1kHz$。

（2）按图 2-3-2 所示测量有关数据 U_o 和 U_o'，记入表 2-3-4 中。

表 2-3-4

条　件	测　量　值		计算值 r_o
	$U_o/\text{mV}(R_L=\infty)$	$U_o'/\text{mV}(R_L=5.1\text{k}\Omega)$	
保持不失真时静态值			

5. 观察静态工作点及输入电压太大对输出波形的影响

按表 2-3-5 要求调节，并观察输出电压波形的失真。

表 2-3-5

条　件	输出电压波形
R_P 不变，增大 U_i	
$U_i=10\text{mV}$，减小 R_P	
$U_i=10\text{mV}$，增大 R_P	

五、实验预习要求

（1）理解分压式偏置单管放大电路的工作原理及电路中各元件的作用。

（2）饱和失真、截止失真或因信号过大引起失真的输出电压波形是什么形状？

（3）掌握有关输入电阻及输出电阻的测试方法。

（4）思考：如何测量实验内容和步骤 1 中基极和集电极的电流？

（5）思考：输出电阻的测量可否直接利用表 2-3-2 中的数据？

六、实验报告要求

（1）讨论静态工作点对放大电路输出波形、电压放大倍数的影响，以及改善失真的方法。

（2）由表 2-3-1 中波形不失真的静态值估算 β、r_{be} 及电压放大倍数 $|A_u|$，与表 2-3-2 中 $|A_u|$ 的实测量值进行比较。

（3）讨论负载电阻 R_L 对电压放大倍数的影响。

（4）计算放大电路的输入电阻 r_i 及输出电阻 r_o。

实验四　射极输出器

一、实验目的

（1）熟悉射极输出器的基本特点及主要应用。

（2）进一步学习放大器输入电阻及输出电阻的测试方法。

二、实验简述

射极输出器是共集电极连接的电路。具有电压放大倍数接近于 1（但小于 1）；输出电压和输入电压同相；输入电阻大；输出电阻小等特点，应用十分广泛。

三、实验仪器和设备

（1）直流稳压电源　　　　　　　　　（2）低频信号发生器

（3）示波器　　　　　　　　　　　　（4）数字万用表

（5）电子技术学习机或实验板

四、实验内容和步骤

1. 观察射极输出器输出电压与输入电压的关系

(1) 按图 2-4-1 所示连接线路。将射极输出器的输出端开路。调节 R_P 使静态值 $U_{CE} \approx 9V$,测量静态值并记入表 2-4-1 中。

(2) 输入 $U_i = 0.2V$,$f = 1kHz$ 的正弦信号,用双踪示波器同时观察 u_i 与 u_o 波形的幅值及相位,记录观察到的现象。

(图 2-4-1 中各元件参数仅供参考,可根据实验室情况做调整)

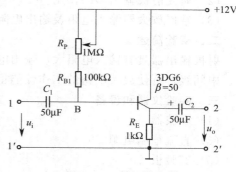

图 2-4-1 射极输出器

2. 测量输入电阻 r_i 及输出电阻 r_o

(1) 按图 2-3-1 所示,在射极输出器输入端串联 20kΩ 电阻接至信号源。将放大器输出端开路,加大输入信号,使 U_i 保持 0.2V,$f = 1kHz$,测量有关数据 U_i 和 U_i',记入表 2-4-2 中。

表 2-4-1

	V_B/V	V_E/V	V_C/V	$I_B/\mu A$	I_C/mA
计算值					
测量值					

表 2-4-2

条　　件	测　量　值		计算值
	U_i/mV	U_i'/mV	r_i
保持不失真时静态值			

(2) 去掉 20kΩ 电阻,维持 $U_i = 0.2V$,$f = 1kHz$,按图 2-3-2 所示,测量有关数据 U_o 和 U_o',记入表 2-4-3 中。

表 2-4-3

条　　件	测　量　值		计算值 r_o
	U_o/mV($R_L=\infty$)	U_o'/mV($R_L=91\Omega$)	
保持不失真时静态值			

五、实验预习要求

(1) 复习射极输出器的特点及应用。

(2) 复习有关输入电阻及输出电阻的测试方法。

(3) 思考:射极输出器在测量输出电阻时,当 R_L 分别为 ∞ 和 91Ω 时,是否需要调节信号源输出以保持 $U_i = 0.2V$?为什么?

六、实验报告要求

分析实验结果写一篇有关射极输出器特点的总结。

实验五　射极输出器的应用

一、实验目的

(1) 掌握多级阻容耦合放大电路参数对静态工作点及电压放大倍数的影响。

(2) 研究射极输出器的作用。
(3) 掌握放大器输入电阻及输出电阻的测试方法。

二、实验简述

射极输出器具有输入电阻大、输出电阻小等特点，将它作多级放大电路的输入级、输出级、中间级，可使放大电路的工作性能得到很大改善。

三、实验仪器和设备

(1) 示波器 (2) 低频信号发生器
(3) 直流稳压电源 (4) 数字万用表
(5) 实验板

四、实验内容和步骤

1. 射极输出器作输入级的应用

(1) 将实验三中图 2-3-3 单管放大电路的输入端 1-1′接至实验四中图 2-4-1 射极输出器的输出端 2-2′，调整前级的静态值 $U_{CE} \approx 9V$，后级 $U_{CE} \approx 7V$。输入 $U_i = 10mV$，$f = 1kHz$ 正弦信号，当 R_L 分别为 ∞、5.1kΩ 时，测量两级放大电路的输出电压 U_o 值，记入表 2-5-1 中。

(2) 拆去射极输出器，保持单管放大电路不变，重复上述步骤，测量单管放大电路输出电压 U_o 值，记入表 2-5-1 中。

表 2-5-1

R_L	两级放大电路			图 2-3-3 单管放大电路		
	U_i/mV	U_o/mV	计算 A_u	U_i/mV	U_o/mV	计算 A_u
∞	10			10		
5.1kΩ	10			10		

2. 射极输出器作输出级的应用

(1) 将实验四中图 2-4-1 射极输出器的输入端 1-1′接至实验三中图 2-3-3 单管放大电路的输出端 2-2′，调整前级的静态值 $U_{CE} \approx 7V$，后级 $U_{CE} \approx 9V$。输入 $U_i = 10mV$，$f = 1kHz$ 正弦信号，当 R_L 分别为 ∞、5.1kΩ 及 2.2kΩ 时，测量两级放大电路的输出电压 U_o 值，记入表 2-5-2 中。

(2) 拆去射极输出器，保持单管放大电路不变，重复上述步骤，测量单管放大电路输出电压 U_o 值，记入表 2-5-2 中。

表 2-5-2

R_L	两级放大电路			图 2-3-3 单管放大电路		
	U_i/mV	U_o/mV	计算 A_u	U_i/mV	U_o/mV	计算 A_u
∞	10			10		
5.1kΩ	10			10		
2.2kΩ	10			10		

五、实验预习要求

(1) 复习多级阻容耦合放大电路级与级之间的基本关系。
(2) 思考：射极输出器作输入级和输出级的作用？

六、实验报告要求

（1）分析表 2-5-1 中的数据，说明射极输出器作输入级的作用。
（2）分析表 2-5-2 中的数据，说明射极输出器作输出级的作用。

实验六　集成运算放大器的信号运算

一、实验目的
（1）学习集成运算放大器的使用。
（2）应用集成运算放大器组成基本运算电路。

二、实验简述

集成运算放大器是一种高增益的直接耦合放大器，外接不同的反馈网络，可组成不同运算功能的运算电路。本实验着重讨论比例、加法、减法、积分、电压跟随等信号运算电路。

三、实验仪器和设备

（1）示波器　　　　　　　　　　　（2）低频信号发生器
（3）直流稳压电源　　　　　　　　（4）数字万用表
（5）集成运算放大器实验板

四、实验内容和步骤

1. 调零

（1）熟悉实验电路板，找出电源接线端、信号源的输出、集成运放、调零电位器及各种电阻、电容的位置。

（2）调节直流稳压电源，使两路的输出电压均为 15V，然后按图 2-6-1 接成共地的正、负 15V 电源，并接至实验电路板。

（3）按图 2-6-2 接线，反馈电阻 $R_f=100\text{k}\Omega$，R_1、R_2 阻值按实验内容 2 中的设计值确定。用数字万用表测量输出电压 u_o，如 u_o 不为零，调整调零电位器 R_P 使之为零。

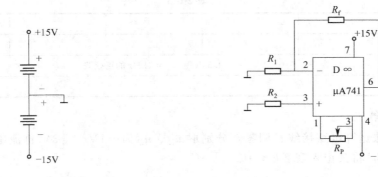

图 2-6-1　正负电源接线　　　　　　　图 2-6-2　调零电路

2. 反相比例运算

（1）要求 $A_{uf}=-10$、$R_f=10\text{k}\Omega$，画出反相比例运算电路并计算电路中各电阻值。

（2）测量 u_o：取 u_i 为 $-1\text{V}\sim+3\text{V}$ 直流电压值，测取相应的五组 u_o 数据，将其记入表 2-6-1。

(3) 观察 u_o 与 u_i 的相位关系和运放动态范围：输入信号 u_i 为 0.5V，频率 $f=1$kHz 的正弦波，用示波器观察 u_o 与 u_i 的相位关系，测量并记录最大不失真时的输出电压幅值 $u_{o(sat)}$。

表 2-6-1

u_i					
u_o					
u_i	0.5V（频率 $f=1$kHz 的正弦波）				
$u_{o(sat)}$					

3. 同相比例运算

(1) 要求 $A_{uf}=11$、$R_f=10$kΩ，画出同相比例运算电路并计算电路中各电阻值。

(2) 测量 u_o：取 u_i 为 -1V～$+3$V 直流电压值，测取相应的五组 u_o 数据，将其记入表 2-6-2。

(3) 观察 u_o 与 u_i 的相位关系和运放动态范围：输入信号 u_i 为 0.5V，频率 $f=1$kHz 的正弦波，用示波器观察 u_o 与 u_i 的相位关系，测量并记录最大不失真时的输出电压幅值 $u_{o(sat)}$。

表 2-6-2

u_i					
u_o					
u_i	0.5V（频率 $f=1$kHz 的正弦波）				
$u_{o(sat)}$					

4. 电压跟随器

按自拟电压跟随器电路接线，重复实验内容 2(2)、(3) 步骤，并将数据记入表 2-6-3 中。

表 2-6-3

u_i					
u_o					
u_i	0.5V（频率 $f=1$kHz 的正弦波）				
$u_{o(sat)}$					

5. 减法运算

按自拟减法运算电路接线、调零，分别取 u_{i1}、u_{i2} 为 -1V～$+3$V 直流电压，测量相应的五组 u_o 数据，将其记入表 2-6-4 中。

表 2-6-4

u_i					
u_o					

6. 设计加法器电路

使 $u_o=5u_{i1}+2u_{i2}$，设 $R_f=100$kΩ，其中 $u_{i1}=0.6$V（峰-峰值），$f=1$kHz 的正弦交流

信号，u_{i2} 为直流信号，它的大小以 u_o 不失真为准。画出 u_o 的波形图。

7. 积分电路的应用（将方波变为三角波）

按图 2-6-3 线路联接，在 1 点输入一个如图 2-6-4 所示 $f=500\text{Hz}$ 的方波，脉冲幅度为 4V，用双踪示波器同时观察输入信号 u_i 和输出信号 u_o 的波形，并记录波形图。

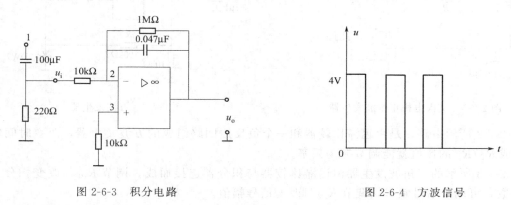

图 2-6-3　积分电路　　　　　　　图 2-6-4　方波信号

五、实验预习要求

（1）复习集成运算放大器的基本性质及分析线性应用电路的重要依据。

（2）根据实验电路板提供元件及参数设计反相比例、电压跟随器，及加法、减法运算电路，并标出各电阻参数值。

六、实验报告要求

（1）将实验测得 u_o 值与理论公式计算所得 u_o 值进行比较，定性分析误差的原因。

（2）将实验内容 5 测试结果用坐标纸画出 u_{i1}、u_{i2} 和 u_o 的波形图。

（3）画出实验内容 6 的输入和输出波形，并解释之。

实验七　集成运算放大器在波形产生方面的运用

一、实验目的

（1）熟悉电压比较器的功能，了解集成运算放大器的非线性应用。

（2）观察文氏电桥正弦波发生器、方波发生器、三角波发生器产生的波形及改变参数对输出波形的影响。

（3）掌握用示波器测量信号幅值及频率的方法。

二、实验简述

根据自激振荡的原理，集成运算放大器和无源元件组合构成信号发生电路，能产生各种不同波形，不同频率的周期振荡信号。

文氏电桥正弦波发生器是一种常用的低频正弦波发生器。在图 2-7-1 电路中，自激振荡频率

$$f_o = \frac{1}{2\pi RC}$$

改变 R 或 C 的值，就可得到不同频率的正弦波。D_1、D_2 和 R_4 构成稳幅环节。利用二极管的非线性特性，实现自动稳幅。

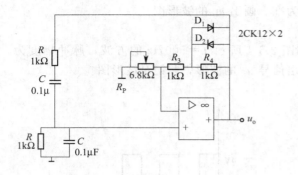 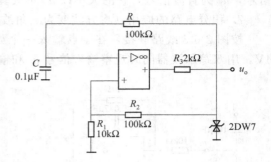

图 2-7-1　文氏电桥正弦波发生器　　　　　图 2-7-2　方波发生器

图 2-7-2 所示电路,是由迟滞比较器和一个负反馈回路组成的方波发生器,改变时间常数 RC 或 R_2/R_1 的比值就能调节振荡频率。

图 2-7-3 所示的三角波发生器由迟滞比较器与积分器连接而成。调节 R_{P1},改变积分器时间常数,可调节信号频率,调节 R_{P2} 可改变信号幅值。

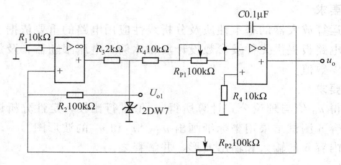

图 2-7-3　三角波发生器电路

三、实验仪器和设备

(1) 示波器　　　　　　　　　　(2) 低频信号发生器
(3) 直流稳压电源　　　　　　　(4) 晶体管毫伏表
(5) 数字万用表　　　　　　　　(6) 集成运算放大器实验板

四、实验内容和步骤

1. 文氏电桥正弦波发生器

(1) 按图 2-7-1 接线。调节 R_P,使输出电压 U_o 为最大,且无明显失真的正弦波。测量 U_o,并用示波器测量其周期,与理论计算频率进行比较。

(2) 更换电阻 R,使 $R=10\mathrm{k}\Omega$,重复步骤 (1)。

2. 方波发生器

(1) 按图 2-7-2 接线。用示波器观察输出电压 u_o 的波形,并用示波器测量其幅值及频率,记入表 2-7-1 中。

表 2-7-1

R 阻值	方波幅值/V	方波频率/Hz
100kΩ		
200kΩ		

(2) 更换电阻 R，使 $R=200\text{k}\Omega$，重复步骤（1）。

3. 三角波发生器

(1) 按图 2-7-3 接线。R_{P1}、R_{P2} 滑动端置于中间位置，用双踪示波器观察 u_{o1} 及 u_o 波形。

(2) 分别调 R_{P1}、R_{P2}，观察并记录对 u_o 波形周期及幅值影响。

*4. 锯齿波发生器

(1) 在图 2-7-3 三角波发生器的基础上将电路修改成锯齿波发生器。

(2) 用示波器观察锯齿波波形，并研究各元件参数对波形的影响。

*5. 矩形波发生器

(1) 在图 2-7-2 方波发生器的基础上将电路修改成占空比可调的矩形波发生器。

(2) 用示波器观察波形，并研究各元件参数对波形的影响。

五、实验预习要求

(1) 复习文氏电桥正弦波发生器、方波发生器工作原理。

(2) 根据电路参数估算正弦波发生器及方波发生器的振荡频率。

(3) 复习用示波器测量周期及幅值的方法。

(4) 复习三角波发生器的工作原理，弄清电路中 R_{P1} 及 R_{P2} 对三角波频率与幅值的影响。思考如何改动，即为锯齿波发生器？

(5) 思考：如何组成占空比可调的矩形波发生器？

六、实验报告要求

整理实验数据，分析波形发生器输出电压 u_o 的幅值、频率跟哪些参数有关。

实验八 集成运算放大器的非线性运用

一、实验目的

(1) 熟悉电压比较器的功能，了解集成运算放大器的非线性应用。

(2) 进一步掌握示波器的使用。

二、实验简述

电压比较器是对电压幅值进行比较的电路，它是集成运放非线性应用的基础。集成运放的非线性运用常被用作波形的变换，比较判断电路和波形的产生电路中。图 2-8-1 所示电路中集成运算放大器处于开环工作状态，由理想运放的传输特性可知，当集成运放开环工作时输出处于饱和区（非线性区）。

当 $u_+ > u_-$ 时 $\qquad u_o = +U_{o(\text{sat})}$

当 $u_- > u_+$ 时 $\qquad u_o = -U_{o(\text{sat})}$

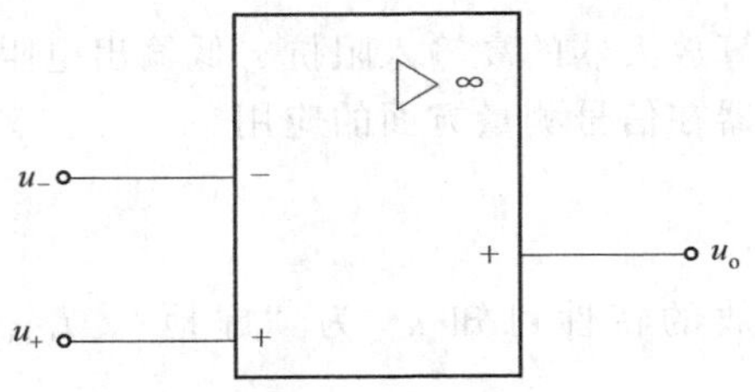

图 2-8-1 理想集成运算放大器

三、实验仪器和设备

(1) 示波器 (2) 低频信号发生器
(3) 直流稳压电源 (4) 晶体管毫伏表
(5) 数字万用表 (6) 集成运算放大器实验板

四、实验内容和步骤

1. 单限电压比较器

(1) 按图 2-8-2 接线。输入信号 u_i 为有效值 $U_i=1.5V$，$f=1kHz$ 的正弦波。

(2) 参考电压 U_R 分别为 0 及 ±1V 时，用双踪示波器同时观察 u_i 及 u_o 波形，并描绘下来。

2. 迟滞电压比较器

(1) 按图 2-8-3 接线。$R_1=R_2=30k\Omega$、$R_3=1k\Omega$、$R_f=100k\Omega$，V_Z 为 2DW7。输入信号 u_i 为有效值 $U_i=3V$，$f=1kHz$ 的正弦波。

(2) 参考电压 U_R 分别为 0 及 ±1V 时，用双踪示波器同时观察 u_i 及 u_o 波形，并描绘下来。

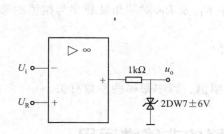

图 2-8-2 电压比较器电路

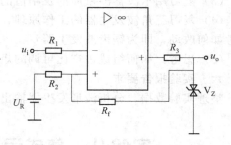

图 2-8-3 迟滞电压比较器

五、实验预习要求

(1) 复习电压比较器的工作原理。

(2) 弄清图 2-8-3 电路中 U_R、R_f 及 R_2 对迟滞电压比较器上、下门限电压的影响。

六、实验报告要求

(1) 分析讨论绘制的两种电压比较器各输入、输出波形。

(2) 理解实际运放和理想运放的区别。

实验九 集成运算放大器在信号测量方面的应用

一、实验目的

(1) 进一步掌握集成运算放大器的高输入阻抗、低输出电阻、高放大倍数特性。

(2) 了解集成运算放大器在信号测量方面的应用。

二、实验简述

1. 微电流的测量

图 2-9-1 电路由集成运放的特性可知 u_- 为"虚地"。I_{CEO} 是三极管 3DG12C 的穿透电流。

$$U_o = -I_{CEO} \cdot R_F$$

一般 3DG12C 的穿透电流为 $1\sim 2\mu A$，若 R_F 取 $2M\Omega$ 则 u_o 的大小为 $2\sim 4V$。U_o 的值准确地反映了 I_{CEO} 的大小，从而实现了对微弱电流的测量。

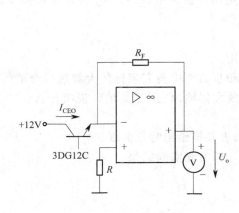

图 2-9-1 微电流的测量　　　　　图 2-9-2 测量放大器

2. 测量放大器

图 2-9-2 所示是测量放大器，它为两级放大。第一级由 A_1 和 A_2 组成。A_1、A_2 结构对称、元件对称 $R_2=R_3$，具有差动放大电路的特点，可以抑制零漂。A_1、A_2 都采用了同相输入，输入电阻高。第二级由 A_3 组成。采用了差动输入方式，很好地完成了双端输入到单端输出的转换。

当 $R_4=R_5$，$R_6=R_7$ 时该测量放大器的总放大倍数为

$$A_u=\frac{u_o}{u_i}=-\frac{R_6}{R_4}\left(1+\frac{2R_2}{R_1}\right)$$

三、实验仪器和设备

（1）双路稳压电源　　　　　　（2）直流电压表
（3）二极管、三极管　　　　　（4）桥式电路
（5）集成运算放大器实验装置

四、实验内容和步骤

1. 微电流测量的应用

（1）按图 2-9-1 所示连接线路，用直流电压表测量集成运放的输出电压，并计算出三极管的穿透电流。

（2）把图 2-9-1 所示电路中的三极管换成二极管（2CP15），测量二极管的反向特性。反向电压范围 $0\sim 25V$，将所测数据列表并描绘出二极管反向特性曲线。

2. 微小电压测量的应用

（1）按图 2-9-3 所示连接桥式电路，其中 $U_S=4V$，$R_1=1k\Omega$，$R_2=2k\Omega$，$R_3=560\Omega$，$R_P=1.5k\Omega$，R_X 为待测电阻，约为 510Ω。采用图 2-9-2 所示测量放大器，自行选择合适的运放和电阻参数，测量图 2-9-3 的 a～b 端电压。（电桥元件参数仅供参考，具体由实验室提供）

（2）调节电位器 R_P 直到测量放大器的输出电压为"0"，同

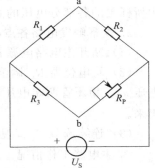

图 2-9-3 桥式电路

时记录下电位器 R_P 的值。

(3) 通过电桥平衡，计算图 2-9-3 中 R_X 的值。

注：该实验中 R_1、R_2、R_3、R_P 均应采用精密电阻和精密电位器，R_X 才能准确测量。

五、实验预习要求

(1) 复习半导体二极管、三极管的相关知识。

(2) 复习集成运算放大器在信号测量方面的应用。

(3) 根据桥式电路测电阻的要求，为实验内容和步骤 2 中所需测量放大器选择合适的参数。并思考实验过程中可能会出现的现象，如测量放大器输出 $\pm U_{o(sat)}$ 值，说明什么？

六、实验报告要求

(1) 将实验内容和步骤 1 中（2）的所测数据列表并描绘出特性曲线。

(2) 写出实验内容和步骤 2 中对测量放大器设计思考和实验结果。

(3) 总结对集成运放在测量方面应用的体会。

实验十　单相半波可控整流电路

一、实验目的

(1) 观察单结晶体管触发电路的电压波形及移相性能。

(2) 了解单相半波整流电路的工作原理。

二、实验简述

晶体管具有可控的单向导电性，利用这种特性可以组成可控整流电路，即把交流电变换成大小可调的直流电。可控整流电路的控制靠相应的触发电路来实现。单结晶体管触发电路由于线路简单，易于调整，在中、小容量的可控整流电路中常被采用。本实验主电路采用单相半波可控整流电路，白炽灯作为该电路的电阻性负载。晶闸管所需要的触发脉冲由单结晶体管触发电路产生。

三、实验仪器和设备

(1) 示波器　　　　　　　　　　　(2) 数字万用表

(3) 同步变压器　　　　　　　　　(4) 自制实验板

四、实验内容和步骤

1. 熟悉实验电路板

把实验电路板与电路图 2-10-1 对照，识别各元器件的位置，相互连线及实验中电路图中所标出的各部分电压的测试点。

2. 观察触发电路各点波形及移相性能

(1) 断开主电路电源 u_2 及晶闸管触发电压 u_g，接通触发电路电源 u_3。

(2) 将电位器 R_P 调至中间位置，用双线示波器逐个观察变压器副边电压 u_3、整流输出电压 u_o、稳压管两端电压 u_z、电容两端电压 u_{C_2} 及输出脉冲电压 u_g 的波形并把它们描绘出来。

(3) 连续调节 R_P，观察 u_{C_2}、u_g 波形的变化情况。

3. 主电路工作情况

(1) 接通主电路电源 u_2 及触发电压 u_g，调节 R_P，此时负载灯亮应随 R_P 的变化而变化。

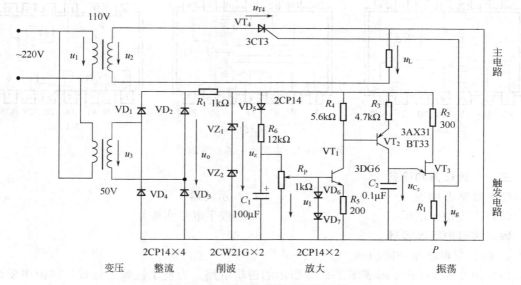

图 2-10-1 单相半波可控整流电路

(2) 用示波器观察 u_2、u_L 及晶闸管两端电压 u_{T1} 的波形并描绘下来。
(3) 连续调节 R_P，用双线示波器分别观察 u_g（或 u_{C_2}）与 u_L 的波形，估算移相范围。
(4) 测量导通角 $\theta=90°$ 时的 U_2 及 U_L 值。

五、实验预习要求

(1) 实验电路中的单结晶体管触发电路由哪几部分组成？如何实现触发脉冲移相？
(2) 复习晶闸管的可控单向导电性及单相半波可控整流电路主电路各部分电压波形，写出主电路交流电压有效值与输出平均电压之间的关系式。

六、实验报告要求

(1) 用实验所得波形及数据，讨论单相半波可控整流电路的工作情况。
(2) 分析单结晶体管触发电路的优缺点。

实验十一　组合逻辑电路

一、实验目的

(1) 学习利用 TTL 集成门接成各种逻辑组合电路。
(2) 掌握组合逻辑电路的功能测试。

二、实验简述

在实验电路中，任何时刻输出信号的稳态值，仅决定于该时刻各个输入信号取值组合的电路，即为组合逻辑电路。组合逻辑电路在生产和生活实践中的应用极其广泛，如目前在数字系统中经常遇到的编码器、译码器、加法器等，都是组合逻辑电路。在本实验中通过对组合逻辑电路的功能测试，学习了解组合逻辑电路的逻辑表示方法、分析方法和一些应用实例。

为方便起见，将本实验中有关 TTL 器件管脚图列于图 2-11-1 中。

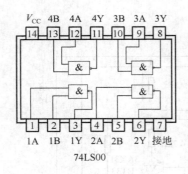 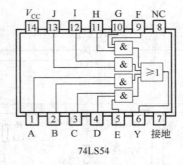 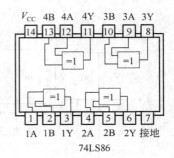

图 2-11-1　实验十一芯片管脚图

三、实验仪器和设备

（1）数字万用表　　　　　　　　（2）示波器
（3）直流稳压电源　　　　　　　（4）数字电路实验箱

四、实验内容和步骤

1. 组合逻辑电路功能测试。

（1）用 2 片 74LS00 组成图 2-11-2 所示的逻辑电路。为便于接线和检查，在图中要注明芯片编号及各引脚对应的编号。

（2）图中 A、B、C 接电平开关，Y_1、Y_2 接发光管电平显示。

（3）按表 2-11-1 的要求改变 A、B、C 的状态，测试 Y_1 和 Y_2 的状态，记入表中。

（4）将实测结果和理论推导进行比较。

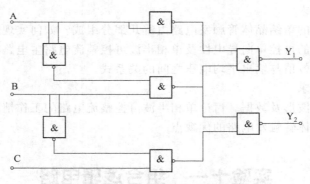

图 2-11-2　与门组成的逻辑电路

表 2-11-1

输入			输出	
A	B	C	Y_1	Y_2
0	0	0		
0	0	1		
0	1	1		
1	1	1		
1	1	0		
1	0	0		
1	0	1		
0	1	0		

2. 测试用异或门（74LS86）和与非门组成的半加器的逻辑功能。

半加器的逻辑表达式为，半加和
$$S = A \oplus B$$
进位信号
$$C = AB$$
故半加器可用一个集成异或门和两个与非门组成，如图 2-11-3 所示。

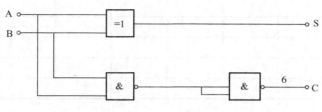

图 2-11-3 半加器电路

(1) 在学习机上用异或门和与门接成以上电路。A、B 接电平开关，S、C 接电平显示。
(2) 按表 2-11-2 要求改变 A、B 状态，测试数据填表。

表 2-11-2

输入端	A	0	1	0	1
	B	0	0	1	1
输出端	S				
	C				

3. 测试全加器的逻辑功能。
(1) 写出图 2-11-4 电路的逻辑表达式。

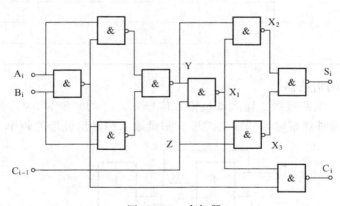

图 2-11-4 全加器

(2) 根据逻辑表达式列真值表。
(3) 按原理图选择与非门并接线。
(4) 按表 2-11-3 进行测试，将测试结果记入表内，并与表 2-11-2 结果进行比较看逻辑功能是否一致。

4. 异或门的控制作用
(1) 按图 2-11-5 电路接线。A 端接逻辑电平输出器。
(2) B 端接 1 时，A 端分别接 1 和 0，测量输出端 F 的逻辑状态，记入表 2-11-4 中。

表 2-11-3

A_i	B_i	C_{i-1}	Y	Z	X_1	X_2	X_3	S_I	C_i
0	0	0							
0	1	0							
1	0	0							
1	1	0							
0	0	1							
0	1	1							
1	0	1							
1	1	1							

（3）B 端接 0 时，A 端分别接 1 和 0，测量输出端 F 的逻辑状态，记入表 2-11-4 中。

（4）比较（2）和（3）测量结果的不同，总结异或门的控制作用。

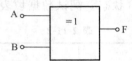

图 2-11-5 异或门的控制作用

表 2-11-4

输	入	输　出
B	A	F
1	1	
1	0	
0	1	
0	0	

5．异或门组成的倍频器

（1）按图 2-11-6 电路接线。输入端接输入信号 u_i，u_i 的幅值为 5V，频率为 1kHz。

（2）用示波器同时观察输入和输出波形。测量输入和输出波形的频率，记入表 2-11-5。

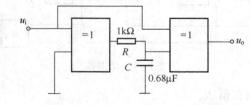

图 2-11-6 异或门组成倍频器

表 2-11-5

输入波形 u_i	输出波形 u_o
$f=$	$f=$
$f=$	$f=$

6. 译码器

74LS138 为 3-8 线译码器。译码器和与非门组成图 2-11-7 所示电路。

(1) 按图接线。

(2) 改变输入端 $A_2A_1A_0$ 的逻辑状态（000～111），测量输出端 F_1 和 F_2 的逻辑状态，列出该电路的真值表。

(3) 由真值表分析该电路的逻辑功能。

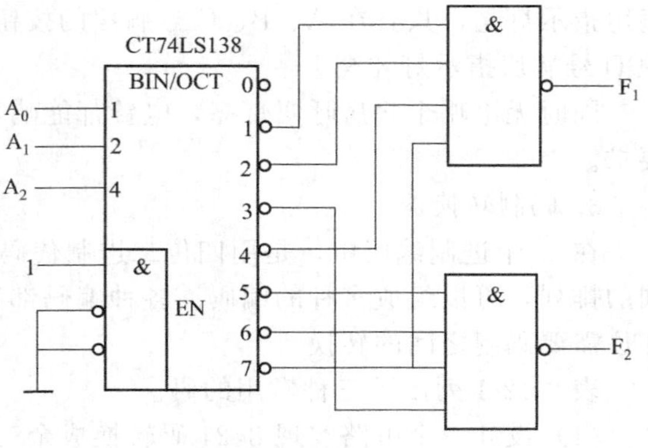

五、实验预习要求

(1) 预习组合逻辑电路的分析方法。
(2) 预习半加器和全加器的工作原理。
(3) 写出图 2-11-2 逻辑电路的函数表达式。
(4) 思考：异或门组成倍频器的工作原理。
(5) 复习有关译码器的工作原理。

图 2-11-7 译码器电路

六、实验报告要求

(1) 整理各实验数据、图表并对各项实验结果进行分析讨论。
(2) 总结各门电路应用的体会。
(3) 总结组合逻辑电路的分析方法。

实验十二 组合逻辑电路设计

一、实验目的

(1) 学习组合逻辑电路的分析方法和设计方法。

(2) 通过一些简单电路的设计，提高自我运用知识的能力，进一步深入掌握组合逻辑电路。

二、实验仪器和设备

(1) 直流稳压电源　　　　　　　　(2) 数字万用表
(3) 数字电子实验系统

三、实验内容

1. 交通管理灯报警系统

某十字路口的交通管理灯分红、黄、绿三种，它们之间应符合以下逻辑关系：红、黄、绿三种灯单独工作或黄、绿灯同时通电均为正常状态，否则为不正常状态，应报警、发出报警信号。请设计一个报警电路满足上述要求。

2. 病房呼叫系统

医院中病房都有呼叫按钮。当病人按下呼叫按钮时，值班室与该病房相应的灯就亮。但是由于病人的病情不同，各病房之间有个优先顺序。

设 A、B、C、D 四个病房，当 A 号病房的按钮按下时，无论其他病房的按钮是否按下，值班室中只有 A 号病房指示灯亮；当 A 号病房的按钮没有按下而 B 号病房的按钮按下时，无论 C、D 号病房的按钮是否按下，值班室中只有 B 号病房指示灯亮；当 A、B 号病房的按钮没有按下而 C 号病房的按钮按下时，无论 D 号病房的按钮是否按下，值班室中只有 C 号病房指示灯亮；只有在 A、B、C 号病房的按钮均未按下而 D 号病房的按钮按下时，值班室中 D 号病房指示灯才亮。

同时无论哪个病房呼叫灯亮，电铃都能响，以发出呼叫声。设计一个逻辑电路满足上述要求。

3. 码制转换器

在二-十进制编码中，是用四位二进制代码表示一位十进制数 0~9 这十个状态的。按不同的排列，可以组成多种的编码。各种编码都有其各自的特点，适用于不同应用场合，因此往往需要码制之间的转换。

表 2-12-1 列出了三种常用的码。

（1）设计一个电路实现 8421 码转换成余三码。

（2）设计一个电路实现 8421 码转换成循环码。

表 2-12-1

	8421	余三码	循环码
0	0000	0011	0000
1	0001	0100	0001
2	0010	0101	0011
3	0011	0110	0010
4	0100	0111	0110
5	0101	1000	0111
6	0110	1001	0101
7	0111	1010	0100
8	1000	1011	1100
9	1001	1100	1101

4. 数值比较器

在一些数字系统中，经常需要比较两个数字的大小是否相等，完成这一功能的逻辑电路称为数值比较器。请在设计一位比较器的基础上完成多位数值比较器。一位比较器的状态表如表 2-12-2 所示，电路图如图 2-12-1 所示。

表 2-12-2

A	B	$\bar{Y}_{A<B}$	$\bar{Y}_{A=B}$	$\bar{Y}_{A>B}$
0	0	1	0	1
0	1	0	1	1
1	0	1	1	0
1	1	1	0	1

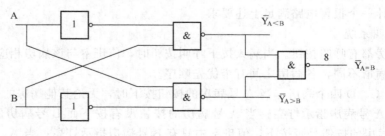

图 2-12-1 一位比较器

5. 四人表决电路

设计一四人无弃权表决电路,要求三人以上(含三人)同意,表决结果才通过。

6. 血型关系检测电路

人类有四种血型:A、AB、B 和 O 型。输血时,输血者和受血者必须符合表 2-12-3 的血型相容规定,即 O 型血可以输给任何血型的人,但 O 型血的人只能接受 O 型血;AB 型血的人只能输给 AB 型血的人,但 AB 型血的人能接受所有血型的血;A 型血可以输给 A 型及 AB 型血的人,而 A 型血的人能接受 A 型血及 O 型血;B 型血可以输给 B 型及 AB 型血的人,而 B 型血的人能接受 B 型血及 O 型血。表中√便是两者血型相容。

试设计一电路,判断输血和受血者是否符合规定。如符合,输出为 1,否则输出为 0。

(提示:可以用两位逻辑变量的四种值表示输血者的血型,用另外两位逻辑变量的四种值表示受血者的血型)

表 2-12-3 血型相容规则

输血＼受血	A	B	AB	O
A	√		√	
B		√	√	
AB			√	
O	√	√	√	√

7. 数码转换电路的设计

有一测试系统的测试结果是以二进制数码表示,数的范围为 0~13,要求用两个七段数码管显示十进制数,试设计将二进制数码转换成 2 位 8421 码的电路。

8. 奇偶校验电路的设计

设计一个奇偶校验电路,要求当输入的四个变量中有偶数个 1 时,输出为 1,否则为 0。

9. 显示电路的设计

设计一个显示电路,用七段译码器显示 A、B、C、D、E、F、G 和 H 8 个英文字母,要求先用 3 位二进制数对这些字母进行编码,然后进行译码显示。七段数码管英文字母显示图形如图 2-12-2 所示。

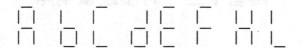

图 2-12-2 七段数码管英文字母显示图形

10. 某药房常用药材有 30 种,编为第 1~30 号。在配方时必须遵守下列五项规定。

(1) 第 3 号与第 16 号不能同时用。
(2) 第 5 号与第 21 号不能同时用。
(3) 第 12、22、30 号不能同时用。
(4) 用第 7 号时必须同时配用第 17 号。
(5) 用第 10、20 号时必须同时配用第 6 号。

请设计一个逻辑电路,能在违反上述任何一项规定时给出指示信号。

11. 设计一个保险箱的数字代码锁,该锁有规定的 4 位代码 A、B、C、D 的输入端和一个开箱钥匙孔信号 E 的输入端,锁的代码由实验者自编(例如 1001)。当用钥匙开箱时

（E=1），如果输入代码符合该所设定的代码，保险箱被打开（X=1），如不符合，电路将发出报警信号（Y=1）。

以上各实验内容可根据电路复杂程度的不同随意选择采用小规模集成电路（SSI）和中规模集成电路（MSI）来实现。用标准的 MSI 产品设计组合逻辑电路，可以缩小体积，减少连线，提高可靠性。如图 2-12-3 所示的 74LS151 为三位地址端的数据选择器（8 选 1）就可以方便地实现四个逻辑变量组成的各种逻辑函数关系。

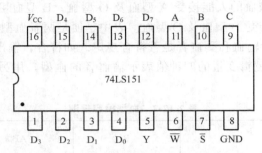

图 2-12-3 74LS151 外引脚排列图

74LS151 芯片的外引脚排列图中 C、B、A 为三位地址端，S 为低电平选通输入端，$D_0 \sim D_7$ 为数据输入端，输出 Y 为原码输出端，$\overline{W}$ 为反码输出端。

* 该实验列举内容较多，教师可根据具体学时和要求选择其中几项内容进行。并根据理论课教学内容的情况决定那些要求采用 MSI 实现之。

四、实验预习要求

根据具体实验任务，进行实验电路的设计，并根据选定的标准器件画出逻辑电路图，准备实验。

五、实验报告要求

（1）分别写各个实验内容的设计过程，并画出设计的电路图。
（2）记录对所设计的电路进行试验测试的结果。
（3）在设计及完成实验的过程中的收获、心得体会。

实验十三 时序逻辑电路

一、实验目的

（1）了解 J-K 触发器、D 触发器的性能。
（2）学习使用触发器组成各种时序电路。

二、实验简述

触发器是构成时序逻辑电路的基本单元，也是计数器、移位寄存器中的基本器件。其逻辑功能的基本特点是可以保存一位二值信息，因此，又把触发器叫做半导体存储单元或记忆单元。

由于输入方式以及触发器状态随输入信号变化的规律不同，各种触发器在具体的逻辑功能上有所差别。根据这些差别，将触发器分为 RS、JK、T、D 等几种逻辑功能的类型。这些功能可以用特征表、功能表、特性方程或状态转换图等描述。常用芯片如图 2-13-1 所示。

此外，从电路结构的形式上，又可以把触发器分为基本 RS 触发器、同步 RS 触发器、

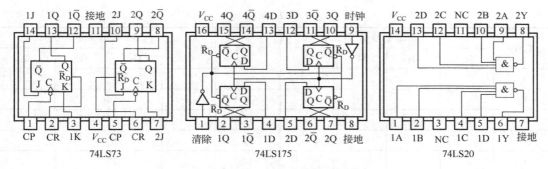

图 2-13-1 几种芯片端子图

主从触发器、维持阻塞触发器、利用 CMOS 传输门的边沿触发器以及利用传输时间延迟的边沿触发器等不同类型。不同结构的触发器有不同的动作特点。

为了保证触发器在动态工作时能可靠地翻转，输入信号、时钟信号以及它们在时间上相互配合应满足一定的要求。这些要求表现在对建立时间、保持时间、时钟信号的宽度和最高工作频率的限制上。

三、实验仪器和设备

（1）示波器　　　　　　　　　　（2）直流稳压电源
（3）数字万用表　　　　　　　　（4）数字电路实验箱

四、实验内容与步骤

1. 异步二进制计数器

（1）按图 2-13-2 接线。

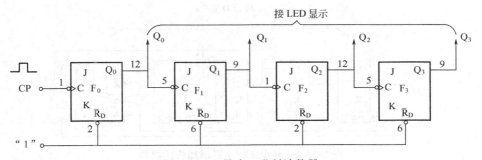

图 2-13-2　异步二进制计数器

（2）将 CP 端接单脉冲，V_{CC} 和 GND 接 5V 的正负极。

（3）按表 2-13-1 的要求，依次送入单脉冲并记录各触发器输出端状态。

（4）在 CP 端输入 1kHz 的连续脉冲，用示波器观察各触发器输出端相应于输入信号的波形，并画于图 2-13-3 中。

*（5）试将异步二进制加法计数器改为减法计数器，并参考加法计数器的实验要求记录数据。

2. 异步二—十进制加法计数器

（1）按图 2-13-4 接线。

（2）在 CP 端输入 1Hz 连续脉冲或单脉冲，按表 2-13-2 的要求记录触发器的输出状态。

（3）在 CP 端输入 1kHz 的连续脉冲，观察并记录相应于输入信号的各触发器的输出波形，并描绘于图 2-13-5 中。

表 2-13-1

CP 数	二进制输出				CP 数	二进制输出			
	Q_3	Q_2	Q_1	Q_0		Q_3	Q_2	Q_1	Q_0
0					8				
1					9				
2					10				
3					11				
4					12				
5					13				
6					14				
7					15				

图 2-13-3　各触发器的输出波形

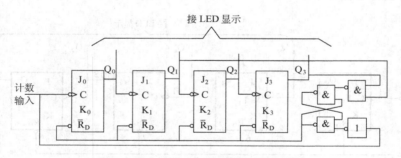

图 2-13-4　异步二—十进制加法计数器

表 2-13-2

CP 数	二进制输出				CP 数	二进制输出			
	Q_3	Q_2	Q_1	Q_0		Q_3	Q_2	Q_1	Q_0
0					5				
1					6				
2					7				
3					8				
4					9				

3. JK 触发器构成的单脉冲触发电路

（1）按图 2-13-6 接线。

（2）CP 端接连续脉冲，输出端接发光二极管，按下开关 S，观察发光二极管的明暗变化，

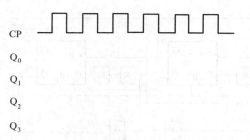

图 2-13-5　各触发器的输出波形

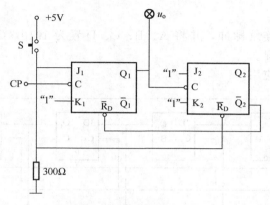

图 2-13-6　单脉冲触发电路

并记录。

4. D 触发器构成的倍频器

（1）按图 2-13-7 接线。

（2）在输入端输入 1kHz 的 TTL 脉冲，用示波器观察相应于输入信号的输出波形，并描绘于图 2-13-8 中。

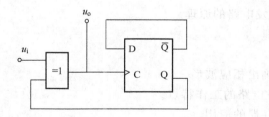

图 2-13-7　触发器构成的倍频器

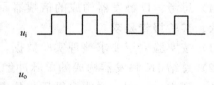

图 2-13-8　倍频器输出波形

5. 由 D 触发器构成的数据检测电路

（1）按图 2-13-9 接线。

（2）CP 接手动脉冲，X 为输入信号端，输出接发光二极管。

（3）在 X 接高电平时，在 CP 端连续按动手动脉冲三次及以上，观察输出端的变化；若按动一次或二次后，将 X 接低电平，再观察输出信号的变化。

（4）总结实验结果，判断该数据检测器为何种数据检测器。

6. 自循环移位寄存器

（1）按图 2-13-10 接线，将 A、B、C、D 置为 0110，用单脉冲作 CP 脉冲，记录各触发

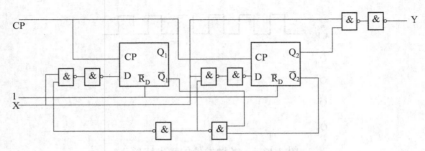

图 2-13-9 D 触发器构成的数据检测电路

器的状态。

（2）改 CP 脉冲为连续脉冲，并将 A、B、C、D 置为 1010，$Q_A Q_B Q_C Q_D$ 接发光二极管，观察二极管发光情况。

（3）考虑该电路的应用。

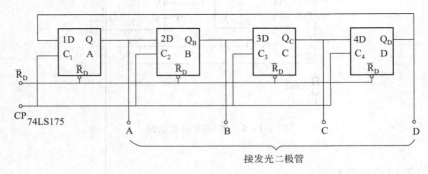

图 2-13-10 自循环移位寄存器

五、实验预习要求

（1）掌握 JK 触发器、D 触发器的逻辑功能及动作特点。
（2）了解计数器、移位寄存器的工作特点。
（3）思考：JK 触发器构成的单脉冲触发电路的原理。
（4）思考：D 触发器构成的倍频器原理

六、实验报告要求

（1）按实验内容要求整理实验数据，画出相应波形。
（2）总结 JK 触发器构成的单脉冲触发电路的工作特点。
（3）列举一二例，说明自循环移位寄存器的应用。
（4）写出对 JK 触发器、D 触发器的应用体会。

实验十四　时序逻辑电路设计

一、实验目的

（1）了解寄存器的应用。
（2）了解中规模计数器的应用。
（3）通过对一些"小电路"的设计，加强对寄存器、计数器的了解，并提高综合能力。

二、实验仪器和设备

（1）直流稳压电源　　　　　　　　　　（2）数字万用表
（3）数字电子实验系统

三、实验内容

1. 中规模集成计数器

（1）用两片74LS290组成36进制计数器。
（2）用两片74LS293组成36进制计数器。

图 2-14-1 是 74LS290 的管脚图，表 2-14-1 是该计数器的功能表；图 2-14-2 是 74LS293 的管脚图，表 2-14-2 是该计数器的功能表。

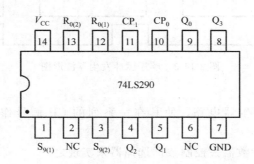

图 2-14-1　74LS290 管脚图

表 2-14-1　74LS290 功能表

输入端					输出端			
复位端		置9端			Q_3	Q_2	Q_1	Q_0
$R_{0(1)}$	$R_{0(2)}$	$S_{9(1)}$	$S_{9(2)}$					
1	1	0	×		0	0	0	0
1	1	×	0		0	0	0	0
0	×	1	1		1	0	0	1
×	0	1	1		1	0	0	1
0	×	0	×		计数			
×	0	×	0		计数			
0	×	×	0		计数			
×	0	0	×		计数			

注：×表示任意态。

表 2-14-2　74LS293 功能表

复位端		输出端			
R_{01}	R_{02}	Q_D	Q_C	Q_B	Q_A
1	1	0	0	0	0
0	×	计数			
×	0	计数			

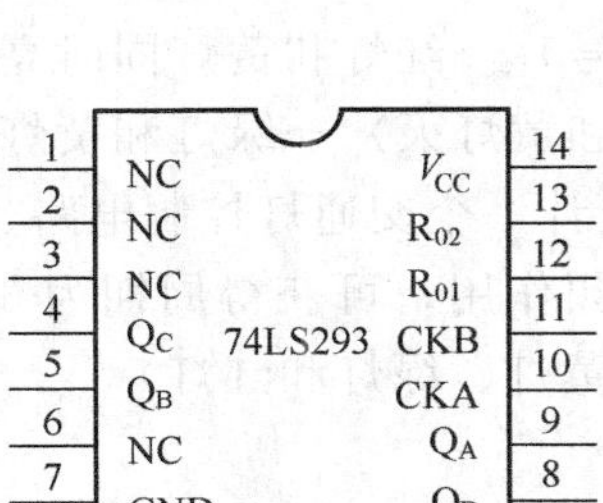

图 2-14-2　74LS293 的管脚图

2. 显示寄存电路

设计一个能寄存并能译码显示 8421 码的电路。

3. 顺序脉冲发生器

设计一个顺序脉冲发生器。要求输出的四路脉冲和时钟脉冲关系如图 2-14-3 所示。

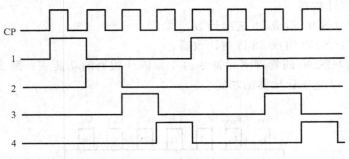

图 2-14-3　顺序脉冲发生器波形图

4. 脉冲序列发生器

设计一个脉冲序列发生器电路，使其在一系列的 CP 信号作用下，能周期性地输出 "00101011" 的脉冲序列。

（提示：可以用一个计数器去控制数据选择器来实现之）

5. 彩灯控制电路

在喜庆的日子，经常会用彩灯来装饰成五彩缤纷的世界。请设计一个简单的 8 个彩灯控制电路，花色由实验者自行设计。要求彩灯电路只能在一开始时清零或置数，以后就自动循环。集成芯片 74194 管脚图如图 2-14-4 所示，图中 D_{SR} 和 D_{SL} 分别为数据串行输入时的右移和左移的输入端。M_A 和 M_B 是方式控制端。逻辑功能表如表 2-14-3 所示。

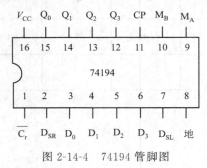

图 2-14-4　74194 管脚图

表 2-14-3　74194 功能表

C_r	M_B	M_A	CP	功能
0	×	×	×	清零
1	0	0	↑	保持
1	0	1	↑	右移
1	1	0	↑	左移
1	1	1	↑	并入

6. 无人指挥交通灯控制电路

要求电路能实现如下循环：红灯亮 60s（表示停车信号）→红灯和黄灯同时亮 4s（表示通车预备信号）→绿灯亮 60s（表示通车信号，此时红灯和黄灯灭）→绿灯和黄灯同时亮 4s（表示停车预备信号）→红灯亮 60s……周而复始。要求设计一个交通灯控制电路。

（提示：利用实验室提供的秒脉冲，通过计数器的分频作用，可获得周期为 64s 和脉宽为 4s 的脉冲和周期为 128s 和脉宽为 64s 的脉冲分别驱动黄灯、绿灯和红灯）

四、实验预习要求

（1）复习时序逻辑电路的有关内容。

（2）根据实验任务要求写出实验内容的设计思路。

（3）按照实验内容设计好各个实验电路。要求电路尽量简单，所用器件必须采用实验室提供的数字电子技术实验系统可以提供的器件。

五、实验报告要求

（1）画出实验线路图，记录实验现象及实验数据，并对实验结果进行分析。

（2）比较 74LS290 和 74LS293 计数器的区别。

（3）在设计及完成实验的过程中的收获、心得体会。

实验十五　　555 定时器

一、实验目的

（1）了解 555 定时器的结构和基本工作原理。

（2）学会 555 定时器的基本应用。

二、实验简述

555 定时器是一种多用途的数字——模拟混合集成电路，利用它能极方便地构成施密特触发器、单稳态触发器和多谐振荡器。由于使用灵活、方便，所以 555 定时器在波形的产生与变换、测量与控制、电子玩具等许多领域中都得到了应用。图 2-15-1 为 555 定时器电路功能简图，图 2-15-2 为 555 定时器管脚图。

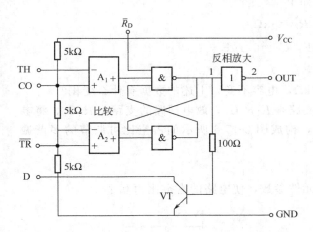

图 2-15-1　555 定时器电路功能简图

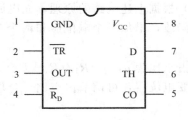

图 2-15-2　555 定时器管脚图

555 定时器的电源电压范围较宽，可在 5～16V 范围内使用，电路的输出有缓冲器，因而有较强的带负载能力；双极性定时器最大的灌电流和拉电流都在 200mA 左右，可直接推动 TTL 或 CMOS 电路中的各种电路。

三、实验仪器与设备

（1）示波器　　　　　　　　　　　　　（2）数字万用表

（3）直流稳压电源　　　　　　　　　　（4）数字电路实验箱

四、实验内容与步骤

1. 555 构成的单稳态触发电路

（1）按图 2-15-3 接线，图中的元件参数如下

$$R=1\mathrm{k}\Omega，C_1=10\mu\mathrm{F}，C_2=0.1\mu\mathrm{F}$$

（2）将 u_i 输入频率为 1kHz 的方波，幅度由小逐渐增大，测出触发信号的幅度，再用

示波器观察输出端相对于输入信号 u_i 的波形并记录于图 2-15-4，同时测出输出脉冲的宽度 T_W（$T_W=1.1RC$）。

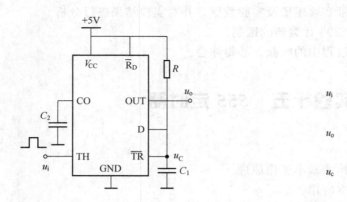

图 2-15-3　555 构成的单稳态触发电路　　　　　　图 2-15-4　单稳态波形图

(3) 调节输入信号的频率，增大或减小，分析并记录观察到的输出波形的变化。

(4) 若使 $T_W=100\text{ms}$，怎样调整电路？

2. 555 构成的多谐振荡器

(1) 按图 2-15-5 接线。图中的元件参数如下

$$R_1=15\text{k}\Omega,\ R_2=5\text{k}\Omega$$

$$C_1=0.033\mu\text{F},\ C_2=0.1\mu\text{F}$$

(2) 用示波器观察并测量输出波形的频率。

(3) 若只将 R_1、R_2 分别改为 $20\text{k}\Omega$、$10\text{k}\Omega$，电容不变，上述的数据有什么变化？

(4) 根据上述电路的原理，充电回路的支路是 $R_1R_2C_1$，放电回路的支路是 R_2C_1，将电路略作修改，增加一个电位器和两个二极管，构成图 2-15-6 所示的占空比可调节的多谐振荡器。

其占空比为 q，$q=R_1/(R_1+R_2)$。

改变电位器，可调节占空比。合理选择元件参数，使电路的占空比为 0.2。

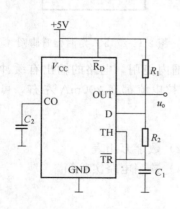
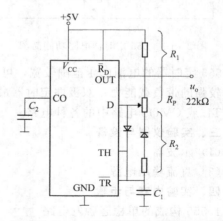

图 2-15-5　多谐振荡器　　　　　　图 2-15-6　占空比可调节的多谐振荡器

3. 555 定时器构成的压控振荡器

(1) 按图 2-15-7 接线，输出端子 3 接示波器观察波形，测出波形的频率，填入表 2-15-1 中。

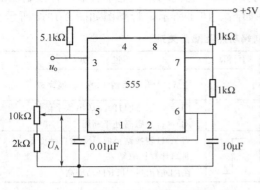

图 2-15-7 555 定时器构成的压控振荡器

表 2-15-1

U_A/V	T/s	f/Hz
1.0		
1.2		
1.5		
2.0		
2.5		
3.0		
4.0		
5.0		

（2）按表 2-15-1 所得的数据绘制 U_A-f 曲线。

五、实验预习要求

（1）掌握 555 定时器的基本工作原理和引线排列。

（2）复习由 555 定时器构成的单稳态触发器、多谐振荡器的基本原理。思考 555 定时器构成压控振荡器的原理。

（3）了解单稳态脉宽的计算方法。

六、实验报告要求

（1）按实验内容要求整理实验数据。

（2）画出实验内容 1 中 555 构成的单稳态触发电路中要求的相应波形。并计算各波形的脉宽，并讨论影响脉宽公式的实际误差原因。

（3）画出占空比可调节的多谐振荡器的电路图并标出各元件参数。

（4）写出对 555 定时器的应用体会。

实验十六 A/D、D/A 转换器

一、实验目的

通过实验了解 A/D、D/A 转换器的性能和使用方法。

二、实验简述

1. ADC0804 转换器

ADC0804 转换器是分辨率为 8 位的逐次逼近型模数转换芯片。完成一次转换需要 $100\mu s$，转换精度为最低位的一个字。输入电压为 0～5V，增加某些外部电路后，输入模拟电压可为 0～-5V。该芯片有输出数据锁存器，当与计算机连接时，转换器的输出可以直接连接在 CPU 数据总线上，无需附加逻辑接口电路，时钟脉冲可由 CPU 提供；如果由芯片自身产生时钟，只要外接一个电阻和电容，即可产生频率为 $f = \dfrac{1}{1.1RC}$ 的时钟脉冲。

ADC0804 芯片有一引出端为 $U_{REF}/2$ 是芯片内部电阻所用的基准电源电压，为芯片电源电压的 1/2，即 2.5V。如果要求稳定度较高时，$U_{REF}/2$ 也可由外部稳定度较高的电源提供，ADC0804 有两个输入端 U_{IN+}、U_{IN-}，如果输入电压为正极性可将 U_{IN-} 接地，输入电压为负极性则相反。ADC0804 有 4 个控制端，其中 3 个是控制输入端，1 个是控制输出；$\overline{CS}$ 为片选端，$\overline{WR}$为写入端，$\overline{INTR}$为中断请求端，$\overline{RD}$为读出端，它们均是低电平有效。各控制端的功能及配合关系如表 2-16-1 所示。控制信号的时序如图 2-16-1 所示，管脚图如图 2-16-2 所示。

表 2-16-1　ADC0804 各控制端功能及配合关系

功能	$\overline{CS}$	$\overline{WR}$	$\overline{RD}$	$\overline{INTR}$	说明
采集输入信号进行 A/D 转换	0	⊓⊔			在$\overline{WR}$上升沿后约 100μs 转换完成
读出输出信号	0		⊓⊔		$\overline{RD}=0$，三态门打开，送出数字信号 $\overline{RD}=1$，三态门处于高阻
中断请求				⌐_	当 A/D 转换结束时，$\overline{INTR}$自动变低通知计算机取结果 在$\overline{RD}$前沿后$\overline{INTR}$自动变高

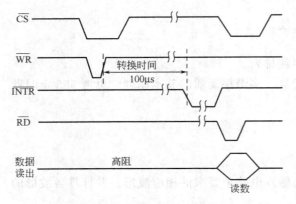

图 2-16-1　ADC0804 控制信号时序图

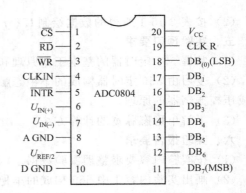

图 2-16-2　ADC0804 管脚图

2. DAC0832 转换器

DAC0832 是由双缓冲寄存器和 R-2R 梯形 D/A 转换器组成的 CMOS 8 位 DAC 芯片，与 TTL 电平兼容。

由于 DAC0832 内部有两级缓冲寄存器，所以可方便地选择三种工作方式。

直通工作方式，$\overline{WR}_1$、$\overline{WR}_2$、$\overline{XFER}$和$\overline{CS}$接地，而 ILE 接高电平，即不用写信号控制，使输入数据直接进入 D/A 转换器。

单缓冲工作方式，两个寄存器之一处于直通状态，另一个寄存器处于受控状态，输入数据只经过一个寄存器缓冲控制后进入 D/A 转换器。

双缓冲工作方式，两个寄存器均处于受控状态，即用$\overline{WR}_1$、$\overline{WR}_2$分两步控制，输入数据要经过两个寄存器缓冲控制后进入 D/A 转换器。在这种方式下，可使 D/A 转换器输出前一个数据的同时，采集下一个数据，以提高转换速度。

DAC0832 的内部结构如图 2-16-3 所示，图 2-16-4 为其管脚图，表 2-16-2 为 DAC0832 各控制端的配合关系。

三、实验仪器和设备

(1) 数字万用表　　　　　　　　　　　　(2) 直流稳压电源
(3) 数字电路实验箱

四、实验内容和步骤

1. ADC0804 转换器

(1) 按图 2-16-5 接线。输入信号由电位器调节，可调节至 0V、1V、2V、3V、4V、5V。

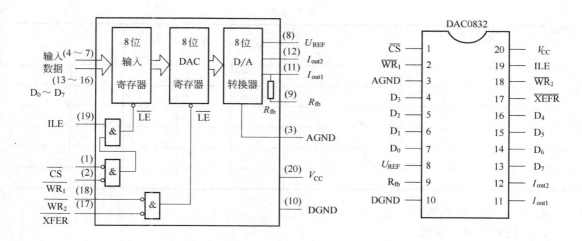

图 2-16-3　DAC0832 的内部结构图　　　　图 2-16-4　DAC0832 管脚图

表 2-16-2　DAC0832 各控制端的配合关系

功　能	控制条件					说　明
	$\overline{CS}$	ILE	$\overline{WR_1}$	$\overline{WR_2}$	$\overline{XFER}$	
$D_0 \sim D_7$ 输入到寄存器 I	0	1	⏌⏋			$\overline{WR_1}=0$ 时存入数据 $\overline{WR_1}=1$ 锁定
数据由寄存器 I 输入到寄存器 II				⏌⏋	0	$\overline{WR_2}=0$ 时存入 $\overline{WR_2}=1$ 时锁定
从输出端取模拟量						无控制信号,随时可取

（2）$\overline{WR}$ 控制端由定时器 555 组成的振荡器产生时钟脉冲,再经过一个反相器进行控制,其余 $\overline{CS}$、$\overline{RD}$、$\overline{INTR}$ 端均接地。

（3）时钟信号由芯片内部产生,外部只需接一电阻和电容,如图 2-16-5 所示。

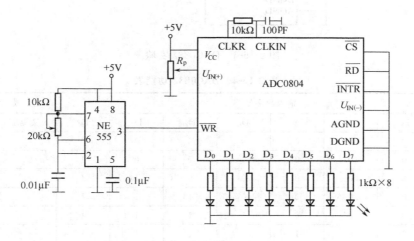

图 2-16-5　ADC0804 实验图

（4）输出端 $D_0 \sim D_7$ 通过发光二极管显示,测量出模拟电压与 A/D 转换后的二进制数字量之间的对应关系。并记录表格 2-16-3 中。

表 2-16-3

输入/V \ 输出	D_7	D_6	D_5	D_4	D_3	D_2	D_1	D_0
0								
1								
2								
3								
4								
5								

2. DAC0832 转换器

(1) 按图 2-16-6 接线。

(2) 在数字量输入端置 00000000B，用数字万用表测量模拟电压 U_O。

(3) 从输入数据量的最低位起，逐位置 1，测量模拟电压 U_O 的值，记入表 2-16-4 中，并与理论值进行比较。

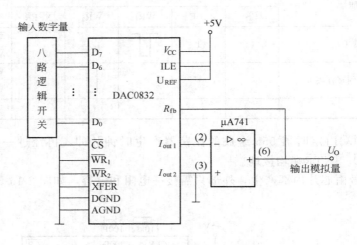

图 2-16-6　DAC0832 实验图

表 2-16-4　DAC0832 功能表

输入数字量								模拟电压 U_O	
D_7	D_6	D_5	D_4	D_3	D_2	D_1	D_0	实测值	理论值
0	0	0	0	0	0	0	0		
0	0	0	0	0	0	0	1		
0	0	0	0	0	0	1	1		
0	0	0	0	0	1	1	1		
0	0	0	0	1	1	1	1		
0	0	0	1	1	1	1	1		
0	0	1	1	1	1	1	1		
0	1	1	1	1	1	1	1		
1	1	1	1	1	1	1	1		

理论计算的输出电压为
$$U_O = -U_{REF}D/2^8$$
式中，D 为输入的二进制数。

五、实验预习要求

(1) 复习 A/D、D/A 转换的基本原理。
(2) 仔细阅读实验简述部分，了解 ADC0804、DAC0832 的基本特性及使用方法。
(3) 思考：图 2-16-5 中 555 电路参数的确定原则？
(3) 将表 2-16-4 中数字量与模拟量的对应关系用公式计算出来。

六、实验报告要求

(1) 分析实验结果，说明误差大小，并分析产生误差的原因。
(2) 欲使 DAC0832 实验电路中的运放输出电压的极性反相，请说明应采取何种措施。

实验十七 数字电路应用实验

一、实验目的

(1) 综合应用数字电路中的基本知识。
(2) 进一步掌握数字逻辑电路的设计和调试方法。
(3) 掌握排除数字电路故障的方法。

二、实验仪器和设备

(1) 示波器 (2) 直流稳压电源
(3) 数字万用表 (4) 数字电子实验系统

三、实验内容

1. 阶梯波发生器

用所学的知识设计一个阶梯波发生器。阶梯波发生器的输出波形如图 2-17-1 所示。其中每一阶梯的幅值不限，阶梯波的阶数也不限。

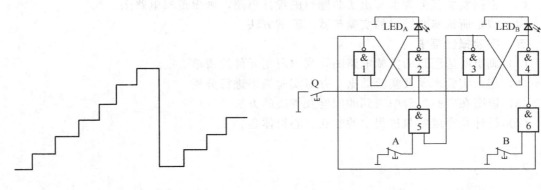

图 2-17-1 阶梯波形示意图 图 2-17-2 两人优先判决电路

2. 四人优先判决电路

优先判决电路是通过逻辑电路判断哪一个预定状态优先发生的一种装置，可用于智力竞赛抢答及反应能力测试等。参照两人优先判决电路图 2-17-2，请设计一个能满足四人参加竞赛使用的优先判决电路。Q 为主持人的控制按钮，A、B、C、D 为抢答者所用按钮，LED$_A$～

LED$_D$ 为抢答者抢答成功的显示。设计要求如下。

(1) Q 在为"0"（即在"复位"位置）时，A、B、C、D 任何一个按钮按下均无效。

(2) 控制按钮 Q 在为"1"（即在"启动"位置）时，A、B、C、D 无人按下 LED 不亮；A、B、C、D 有一个人按下，对应的 LED 亮，其余的按钮再按则无效。

(3) 本次抢答结束后，按下控制按钮 Q，系统"复位"，电路恢复等待状态，准备下一次抢答。

3. 倒计数器设计

设计一倒计数电路。要求在 100s 以内可任意进行时间的设定，并由七段数码管显示倒计时的时间变化。如设定 50s，显示器应从 50 00。秒脉冲由实验室提供。

提示：用两片可预置数的 BCD 码加/减计数器，组成减计数器，计数器的状态由七段显示译码器显示。

4. 叮咚门铃电路

图 2-17-3 为一常用的叮咚门铃电路。图中 555 电路构成了多谐振荡器。利用按下按钮和放开按钮时振荡频率的不同发出叮和咚不同的声音。大电容 C_1 为维持振荡而设置，按下按钮时通过二极管 VD$_1$ 将其迅速充电之电源电压，放开按钮时，C_1 上的电压通过 R_1 慢慢放电，从而维持了 555 电路依然处于多谐振荡状态，直至不能维持 555 电路振荡为止。因此，"咚"的声音长短可通过调整 C_1 和 R_1 的数值来实现。

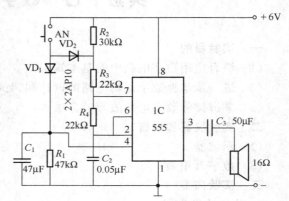

图 2-17-3　叮咚门铃电路

四、实验预习要求

(1) 复习数字逻辑电路所学到的有关内容。弄清叮咚门铃电路的工作原理。

(2) 实验前选定所要使用的集成电路组件，并熟悉其管脚图和功能表，列出所需元件的清单。

(3) 根据实验任务要求写出实验题目的设计思路，画出逻辑电路图。

(4) 拟定所选实验题目的实验步骤、测试方法。

五、实验报告要求

(1) 画出所选题目的实验电路图，列出所用元件的清单。

(2) 记录实验现象及实验数据，并对实验结果进行分析。

(3) 说明在实验过程中遇到的问题及解决的方法。

(4) 设计及完成实验过程中的收获、心得体会。

第三章 电子技术课程设计

电子技术课程设计是工科专业学生一个很重要的实践环节。在学完电工电子技术的理论课后,能独立地解决一两个实际问题,既是对前期学习的一次全面复习,又是一次综合运用所学知识能力显示的机会,同时更为今后的科研工作打下了基础。

本篇电子技术课程设计是专门为非电类读者开设的。本篇在内容的安排上充分考虑这一特点,所选题目难度适中,层次性强。合适的难度能使读者得到真正的锻炼,各种层次的题目更可使得不同程度的读者都能在自己力所能及的范围中选择适合于自己独立完成的设计任务,从而提高整体水平。

一、课程设计主要内容和具体步骤

1. 总体方案

根据题目的设计任务和具体要求,考虑总体方案,画出原理框图。注意同一任务可由不同方案来实施。设计的过程中一定要查阅资料,开阔思路,借鉴他人的经验,在多个方案中比较思考,选择一种能实现且简捷可靠的方案。

总体方案初步确定后,还一定要考虑方案中一些具体的问题,从主要原理到细小的环节,如相互逻辑的时序关系等,其中一些关键的技术可能还要经过部分实验确认,才能最后定型。

2. 单元电路的设计

总体方案考虑成熟后,应该讲总体原理方框图中每一个方框所代表的单元电路也大致定型了。但是单元电路设计要具体化,这是一个最终落实的过程。元器件的具体参数、芯片的型号、前后级的相互联系都要考虑清楚。这里指的不是定性的关系而是定量的关系,如具体电平,阻抗之间的匹配,输出的功率等。

3. 安装调试

方案设定后就可以进行安装调试了。一般可以按总体框图中方框,一部分一部分地进行安装,并单独进行调试。调试时一般首先调试非信号流向上的电路,这些电路主要是指稳压电源、振荡源、数字电路中节拍控制的节拍信号发生器等。之后,按信号流向,从前到后,或逆信号流向,从后到前,分块进行调试。一般各单元电路的输入、控制信号等应由信号发生器等外部仪器设备取代,这样在调试过程中就基本排除了外部可能引入的故障。

各单元电路调试成功后,联机进行调试。在调试的过程中仍可将若干相干的单元电路联成一个小系统,分块进行调试,最终实现整个系统的联机。

在调试过程中特别要注意的是单元电路和单元电路、块和块之间的共地问题,电源取值问题,电平和阻抗的匹配问题,各部分带负载的能力等诸因素。

调试过程中还有一点特别重要而又往往被初学者所忽视的是试验记录。试验记录是一重要的技术文件,为今后的总结提高提供了科学依据。

4. 设计总结报告

总结报告是课程设计的一个重要组成部分。通过总结报告可以理清设计思路,深化设计思想。在分析调试过程中各种现象、回忆排除故障过程中,将对一些问题的认识从实践经验提高到理论高度。因此,设计报告不是为写给他人看的,是课程设计中一个重要环节,是对课程设计一次再加工、再深入的升华过程。

编写报告还可以锻炼语言表达能力，为今后撰写科研论文打下必要的基础。

二、故障检查法

电路安装完毕后，不可能不经调试和检查就满足实验要求，发生故障也是十分正常的现象。电路发生故障后，首先要根据故障现象，从工作原理分析确定故障可能发生的原因及部位，缩小检查范围。譬如，整个系统处于无电状态，就一定是电源出了问题；无信号输出就首先要看看信号是否正常输入等。下面介绍故障检查的一般方法。

1. 断电检查

发现电路有故障后，切断电源。仔细查看连线，检查电路有否接错，元器件有否损坏。进一步可用万用表的欧姆挡检查线路的连接情况，每个节点的连接是否正常，特别是元器件的接点是否可靠，从中发现问题。

2. 通电检查

断电检查无结果，在电路没有异常的冒烟和气味的情况下可考虑通电检查。

接通电源，用万用表的电压挡或示波器，按信号流向从前到后，检查几个关键点的电压或波形，从测得的电压值或波形图像分析是否正常，以确定故障范围和原因。也可以按调试时的分块逐一进行检查。

通电检查中对每块芯片端子处的电压，元器件的工作状态，各级输入信号，控制信号的时序等，都要作为重点检查的内容。

要想迅速地查出故障的部位，正确的排除故障，不是一朝一夕就能学会的。这是建立在扎实的理论基础和反复实践，逐步积累的经验之上的。但通过课程设计的调试实践，对提高今后的工作能力定有很大帮助。

相信通过课程设计这一环节，收获一定会很大。许多实际工作中要考虑的额定值、耐压、匹配等，在其他学习环节中（如解习题时），无需考虑（条件都理想化了），而在此，必须独立去面对。再如排除故障，以前的实验线路比较简单，有错往往可以拆了重接，避开故障的排除。而在课程设计中必须学会通过故障的现象，运用所学理论去排除故障。因此，完成了课程设计后，将对该系统的工作原理，各部分的特性，达到了如指掌的程度，全面提高了各种能力。这就是本书设置课程设计的目的。

题目一　闭环控温系统（Ⅰ）

学习利用运算放大器组成测量放大器构成一个闭环控温系统，并通过它掌握一般闭环控制系统的基本工作原理。

一、设计任务和具体要求

1. 设计任务

设计一闭环控温系统，系统的温度自动控制在所设定的温度内 $(T\pm\delta T)$℃。

2. 具体要求

（1）恒定温度 T℃的设定在一定范围内可调。

（2）用灯泡模拟加热系统。在设定温度$(T-\delta T)$℃以下灯泡自动亮（加热），达到 $(T+\delta T)$℃时灯泡自动灭（停止加热）。

（3）实验室提供所需各路直流电源。

二、设计方案提示
1. 电路图
图 3-1-1 是闭环控温系统参考电路的原理图。

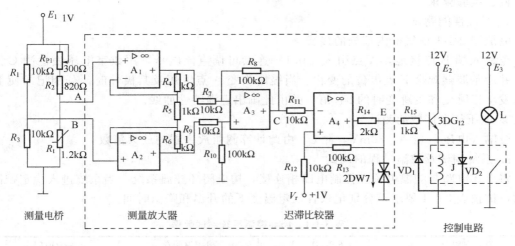

图 3-1-1　闭环控温系统参考电路原理图

2. 电路说明
测温电桥中的感温元件 R_t 为热敏电阻，运算放大器 $A_1 \sim A_3$ 构成测量放大器，以放大桥压 U_{AB} 提高系统的控制灵敏度。系统末级晶体管射极接有继电器 J。VD_1 为续流二极管，VD_2 为发光二极管。灯泡 L 和热敏电阻 R_t 置于同一恒温小室中，灯泡作为小室的加温热源。

三、工作原理
迟滞比较器的迟滞特性如图 3-1-2 所示。图中 U_D 对应于恒温室的恒温设定值 $T℃$。U_{D1}、U_{D2} 分别对应于恒温室温度的上限 $(T+\delta T)℃$，下限 $(T-\delta T)℃$。当被控温度升高时，R_t 值减小，测温桥输出 U_{AB} 减小，经放大后，使 U_C 增加，当 $U_C > U_{D1}$ 时，比较器输出 $U_E = -U_Z$，晶体管截止，继电器触点断开，灯泡不亮，停止加温，当温度下降到使 $U_C < U_{D2}$ 时，$U_E = +U_Z$，晶体管饱和，恒温室又自动加温，如此实现恒温控制。控温精度与回差 $(U_{D1} - U_{D2})$ 有关。调整 R_{P1} 可以改变恒温室的恒温值。

当图 3-1-1 虚线框内电路参数固定后，恒温值将是 R_{P1} 的单值函数。在实际恒温控制中，可用电炉丝代替灯泡作加热器。

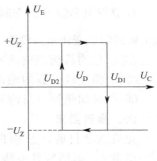

图 3-1-2　迟滞特性

1. 恒温值的标定
将 R_t 置于恒温槽中，调整恒温槽温度，使 $T = T_1$（设为 25℃），调整 R_{P1}，使 $U_C = U_D = \frac{1}{2}(U_{D1} + U_{D2})$，这时 R_{P1} 值则标定为温度设定值 T_1（25℃）。改变 T，使 $T = T_2$ 再调 R_{P1}，使 $U_C = U_D$，此时的 R_{P1} 值则标定为 T_2，本实验在使用时，只要调整 R_{P1}，使 R_{P1} 对准所标定的温度设定值，即可实现恒温整定。

2. 恒温过程的测定
实验时，由于不具备恒温室和温度计等条件，可根据以下现象定性估计控温系统恒温值的高低：若环境温度为 20℃，则恒温室从 60℃ 下降 20℃ 的降温速度应该比从 30℃ 下降 20℃

的速度快，即从60℃下降$2\delta T$比从30℃下降$2\delta T$所需时间要少。$2\delta T$即为电压U_{D1}和U_{D2}所对应的温差。所以，当设定恒温值比环境温度越高时，自然降温到比较器翻转所需时间越短，而加温到使比较器再次翻转所需的时间越长。

四、实验要求

1. 系统性能测试

完成图3-1-1虚线框内部分的接线。

令输入端B点接地，A点引入±0.1V连续可调直流电压，用数字电压表检测C点电压，并用示波器观察E点电位的变化。当缓慢改变A点电压及其极性时，分别记录使E点电位发生正跳变和负跳变时的U_C值，并由此画出迟滞特性曲线。

2. 电压放大倍数的测试

令输入电压$U_{AB}=-30\text{mV}$，测U_C由此计算测量放大器的放大倍数。

3. 系统调试及控温过程的调试

将上述电路与测温电桥和控制电路相连接，构成闭环控温系统。当系统进入稳定控制过程后，试按表3-1-1要求，分别记录各设定温度下的升温和降温时间。

表 3-1-1 闭环控温系统测试数据

整定恒温值	RP_1/Ω	升温时间/s	降温时间/s
T_1	0		
T_2	50		
T_3	100		

五、预习要求

（1）计算图3-1-1中测量放大器的放大倍数。

（2）计算迟滞比较器的上、下限阀值电压U_{D1}、U_{D2}。

（3）思考下列问题。

设被控恒温值为25℃时，$R_t=910\Omega$，调节R_{P1}，使$U_C=\frac{1}{2}(U_{D1}+U_{D2})$，并设$U_Z=6\text{V}$，热敏电阻的温度变化系数约为$-20\Omega/℃$，若此时正处在加温状态，试估算当被控温度升到27℃时，

① 求检测桥输出电压$U_{AB}=$？

② 求测量放大器的输出电压$U_C=$？

③ 此时加热器（灯泡）是否应该停止加温？

六、报告要求

完成该项目后，思考下列问题，认真总结该控温系统的工作原理并进行数据分析。

思考1：迟滞特性曲线的中点电压U_D与恒温设定值有无关系？欲提高恒温控制精度，应如何改变电路参数？

思考2：迟滞比较器中的参考电位V_r的值和恒温设定值有无关系？

思考3：根据实测值分析：上述恒温设定值$T_1\sim T_3$中，哪个温度最高？为什么？

思考4：当R_{P1}值增加时，将导致设定恒温值增加还是降低？为什么？

题目二 闭环控温系统（Ⅱ）

在实际使用中，"闭环控温系统（Ⅰ）"显得不够完善，因为它只能实现闭环控温，而没

有指示被控制的温度值。该题目要求在实现闭环控温的同时，显示控制的实际温度值。该题目通过简易的显示温度值的方法，可以了解一个实际问题在 A/D 转换过程中需要考虑的诸多环节。

一、设计任务和具体要求

1. 设计任务

设计一个闭环控温系统，并用数字显示其控制的恒温值。

2. 具体要求

（1）控温范围：室温以上 10℃ 至 30℃。
（2）三位 LED 数码管显示温度值。
（3）温度显示精度为 ±1℃。
（4）所需直流电源由实验室提供。

二、设计方案提示

自动控温系统原理同"闭环控温系统（Ⅰ）"，该题目要解决的是温度值的显示问题。首先讨论一下图 3-1-1 控温系统中恒温值和哪些参数有关？由"闭环控温系统（Ⅰ）"的原理分析知：当图 3-1-1 虚线框内电路参数固定后，温度设定值将是 R_{P1} 的单值函数。另外，由迟滞比较器原理知，迟滞比较器中的参考电位 V_r 的值和比较器的上下门限电压有关，因此改变 V_r 值就改变了图 3-1-1 中 E 点电位发生正跳变和负跳变时的 U_C 值，也就改变了控温系统的温度设定值（见题目一中思考题 2）。

再进一步分析就可知，用 R_{P1} 的值来表示控温系统的恒温值是不合适的，因为无法用表头来测定通电的电阻值。显然用 V_r 的值来反映恒温值是比较合适的，因为对于固定的 R_{P1} 值，温度设定值将是 V_r 的单值函数，而且 V_r 值在控温的过程中是不变的，从而可以稳定地显示恒温值。

下面从两个方面，具体分析一下如何用 V_r 来表示温度设定值。

1. V_r 值和温度设定值的关系

"闭环控温系统（Ⅰ）"中的测量电桥如图 3-2-1 所示。

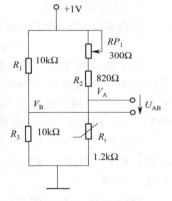

图 3-2-1 测量电桥

由图可知

$$V_A = \frac{R_t + \Delta T \times \alpha}{R_t + R_2 + R_{P1} + \Delta T \times \alpha} \times 1 \qquad (3\text{-}2\text{-}1)$$

式中，R_t 为热敏电阻在室温下的值；ΔT 为恒温值和室温的差值（注意，ΔT 和题目一中的 δT 不同）；α 为热敏电阻的温度系数。

设在室温为 25℃ 时，$R_t = 1.2\text{k}\Omega$，$\alpha = -20\Omega/℃$，取 R_{P1} 为 300Ω，R_2 由图 3-1-1 知为 820Ω，代入式(3-2-1)，得

$$V_A = \frac{1.2 - 0.02\Delta T}{2.32 - 0.02\Delta T} \text{ V} \qquad (3\text{-}2\text{-}2)$$

由图 3-2-1 还可求得 $V_B = 0.5\text{V}$，因此

$$U_{AB} = \frac{1.2 - 0.02\Delta T}{2.32 - 0.02\Delta T} - 0.5 = \frac{0.04 - 0.01\Delta T}{2.32 - 0.02\Delta T} \text{ V} \qquad (3\text{-}2\text{-}3)$$

由"闭环控温系统（Ⅰ）"工作原理的叙述可知：①$U_D = \frac{1}{2}(U_{D1} + U_{D2})$ 对应于恒温室的被控恒温值；②对于设定的恒温值 $U_C = U_D$。通过对图 3-1-1 电路中的迟滞比较器计算可得

$$U_D = \frac{10}{11} V_r \tag{3-2-4}$$

图 3-1-1 对应的测量放大器通过计算可得放大倍数为 -30。因此，对于设定的恒温值

$$U_C = -30 U_{AB} = U_D = \frac{10}{11} V_r \tag{3-2-5}$$

综合式(3-2-3)~式(3-2-5) 可得

$$V_r = -33 U_{AB} = \frac{-1.32 + 0.33 \Delta T}{2.32 - 0.02 \Delta T} \tag{3-2-6}$$

从式(3-2-6) 可以看出：ΔT 和 V_r 不是简单的正比关系，但在一定范围内（ΔT 较小时）式(3-2-3) 中分母受 ΔT 影响比分子要小得多，分母可近似看做定值，则 V_r 和 ΔT 近似为线形关系。

$$V_r \approx \frac{-1.32 + 0.33 \Delta T}{2.32} \tag{3-2-7}$$

$$\Delta T \approx (7.03 V_r + 4) \text{°C} \tag{3-2-8}$$

式中，V_r 的单位是 V，ΔT 的单位是 ℃。

注意，R_{P1} 不同，则 V_r 和温度的关系也不同。式(3-2-8) 是在 R_{P1} 取为 300Ω 时推得。

2. 温度值的显示

控温系统设定的温度值就是室温 $+\Delta T$，即

$$T_{恒} = T_{室} + \Delta T = [7.03 V_r + (4 + 室温)] \text{°C} \tag{3-2-9}$$

由于题目要求用三位 LED 数码管来显示，用电压表示温度值时电压不宜太高或太低，显然选用电压值单位 10mV 来表示 1℃ 比较合适。如 35℃，可表示为 350mV，55.5℃ 表示为 555mV（因为此处是简易的实验，不做更高要求，小数点作为假想即可）。式(3-2-9) 中 $V_r = 1V$ 相应于 7℃，也即对应于 70mV。

综上所述，用电压 V_r 值来表示恒温值时，只需在式(3-2-9) 的基础上，将系数做一调整，设计一电路实现 $[0.07 V_r + (4 + 室温) \times 10]$ mV 即可。其中具体室温值可用温度表进行实测。

如室温为 25℃，则对应一个给定的 V_r，如 $V_r = 1V$，在 $R_{P1} = 300\Omega$ 时，通过式(3-2-8) 算出 $\Delta T = 11$℃，即设定恒温值为 36℃。据上述分析，调整固定的直流偏置电压为 $(4 + 25) \times 10 = 290$mV，设计一电路实现 $(0.07 V_r + 290)$ mV，在 $V_r = 1V$ 时，该电路输出 360mV 至 A/D 转换器，由 A/D 转换显示 360 即可。当 V_r 变化时，A/D 转换器即显示对应 V_r 值相应的恒温值。

值得一提的是，用式(3-2-8) 和式(3-2-6) 求 ΔT 显然是有误差的，此处主要是了解学习运用 A/D 转换解决显示数字的实际问题，因此，误差不作考虑。

3. A/D 转换器介绍

A/D 转换器建议采用 CC7107。CC7107 是一个双积分的 A/D 转换器。关于双积分转换器的原理请查阅有关资料，此处不再赘述。CC7107 不同于其他的 A/D 转换器，它对输入信号进行 A/D 转换后，通过芯片内部附加的数据锁存器和译码、驱动电路直接驱动共阳极的 LED 数码管，显示十进制数。显示位数是三位半。所谓三位半是指输出有四个数码显示位，其中三位显示 0~9，而最高位只能显示 1。

CC7107 有 40 个端子，一般接法如图 3-2-2 所示。图 3-2-2 中各参数是为满量程 200mV 而设计的。

各端子的功能和使用方法见表 3-2-1。

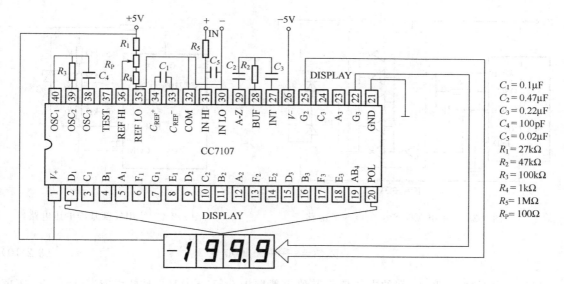

图 3-2-2　CC7107 接线图

表 3-2-1　CC7107 各端子的功能表

端子序号	端子符号	功能
1、26	$V+$、$V-$	$V+$ 为电源正极，$V-$ 为电源负极，一般接 ±5V
2~8	$A_1 \sim G_1$	个位数的 7 段驱动信号
9~14、25	$A_2 \sim G_2$	十位数的 7 段驱动信号
15~18、22~24	$A_3 \sim G_3$	百位数的 7 段驱动信号
19、20	AB_4、POL	AB_4 是最高位的显示 1 的驱动信号，接千位的 b、c 段。POL 为负极性显示，接千位的 g 段
21	GND	接地端
27	INT	积分器输出端，接积分电容 C_3
28	BUF	缓冲放大器输出端，接积分电阻 R_2
29	A-Z	积分比较器的反相输入端，接自动调零电容 C_2
30、31	IN HI、IN LO	模拟量输入正负端
32	COM	模拟地端，该端和电源电压端之间有稳定的 2.8V 电压差，提供做基准电压 V_{REF}
33、34	C_{REF+}、C_{REF-}	接基准电容 C_1
35、36	REF HI、REF LO	基准电压正负端
37	TEST	测试端。当 TEST 接 +5V 时，LED 数码管显示 1888
38、39、40	$OSC_1 \sim OSC_3$	时钟振荡器外接电阻、电容引出端，接 C_4 和 R_3

有关 CC7107 使用的几点说明。

(1) 为了使用方便，一般采用单电源。正电源外接，负电源则由振荡器的输出经过倍压整流得到。具体电路如图 3-2-3 所示。

(2) CC7107 的读数和模拟输入电压之间的关系为

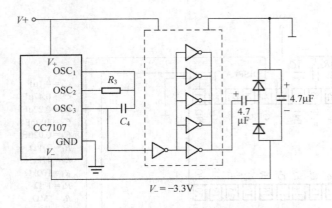
图 3-2-3 单电源时产生负电源的电路

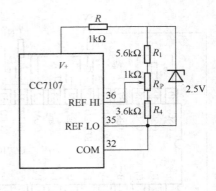
图 3-2-4 使用外部基准电压电路

$$读数 = \frac{U_{in}}{U_{REF}} \times 1000 \tag{3-2-10}$$

U_{REF} 为管脚 35 和 36 间的电压值。其值一般取 100mV 或 1V，具体由 R_4、R_P、R_1 等值决定。由式(3-2-10)可以看出 CC7107 模拟电压满量程的输入值为 $2U_{REF}$，因此由以上温度显示分析可知该题目中选 $U_{REF}=1V$ 为好。

（3）为了更可靠的获得稳定的基准电压，可以在电源正极和基准电压负端之间接一稳压管，采用外部基准电压。电路如图 3-2-4 所示，图中电阻的示值为 $U_{REF}=1V$。

（4）CC7107 的 30 端（IN LO）在使用时和 32（COM）相连可以测量和电源电压不共地的（相对于电源电压是漂浮的）模拟电压；若输入的模拟电压是和电源共地的单端信号，则 30 端（IN LO）同时还应和 21 端（GND）相连。

如在 CC7107 的使用上不做具体要求的话，为简便起见，建议 A/D 转换器可以直接用以 CC7107 或 CC7106 为核心的表头电路实现，甚至用数字万用表的直流电压 2V 挡来取代。

三、预习要求

（1）思考题目二闭环控温系统（Ⅱ）和题目一闭环控温系统（Ⅰ）中恒温值的调整分别是通过改变哪个参数？有何不同？

（2）为什么二、1. 中说 $U_D = \frac{10}{11} V_r$？

（3）为什么二、1. 中说测量放大器的放大倍数为 -30？

（4）为什么不用 U_{AB} 来表示设定的恒温值？

（5）在温度显示中，若要使相应位的小数点显示应如何处理？

四、报告要求

（1）画出闭环控温系统（Ⅱ）的总电路图。

（2）结合实验调试的过程、数据，总结闭环控温系统温度指示的工作原理。报告叙述要求简明扼要。

题目三　电动机转速测量系统

用光电转换方式来测量电动机转速是一个典型的课程设计题目。它涉及光电转换、放大、整形、倍频、计数、译码、显示以及计数、显示之间时序关系的控制等多种电路,是个模拟与数字综合的系统。该题目的设计是对学生综合能力的全面检测。

一、设计任务和具体要求

1. 设计任务

设计一个用光电转换方式来测量电动机的转速系统。

测速对象为一台额定电压为5V的直流电动机,其转速受电枢电压控制,用改变电枢电压的方法进行调速。

2. 具体要求

(1) 要求电机转速的测量范围为600～6000r/min,测量的相对误差小于等于1%。

(2) 用4位七段数码管显示出相应的电动机转速。

(3) 所需各电源,由实验室提供。

二、设计方案提示

电机测速系统框图如3-3-1所示。

下面对框图中几个有关环节作一说明。

1. 光电转换

用光电转换电路监测电动机转速,可用红外光电管对或其他的发光管及接收管。

其基本原理是在电动机转轴上固定一个圆盘,圆盘上有一个小孔,电动机每转一周,光线通过小孔一次,光电转换器受光一次产生一脉冲。测量单位时间内脉冲的个数,即可转换成电动机转速。

该脉冲的形状不是规则的方波,需经过整形放大,再送入计数器。

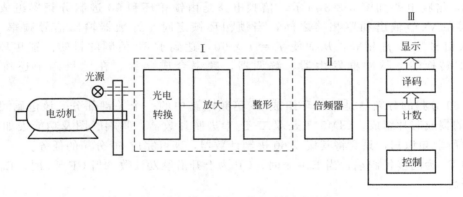

图 3-3-1 电动机测速系统框图

2. 倍频器

倍频器的作用是将一秒钟内从整形电路输出的脉冲数乘以 60 倍,再送入计数、译码、显示电路,显示的值即为该瞬间的电动机转速 (r/min),从而实现快速的实时电动机转速测量。

建议用锁相环集成电路 (CC4046) 构成 60 倍频电路。下面对锁相环路的基本原理及组成 60 倍频的方法做一简单介绍。

(1) 锁相环原理框图如图 3-3-2 所示。锁相环 (PLL) 是由环路鉴相器 (PD)、低通滤波器 (LP) 及压控振荡器 (VCO) 三部分组成。锁相环是组成图 3-3-1 框图中倍频器电路的关键器件。它的原理如下。

锁相环路具有频率跟踪特性。当锁相环被锁定时,输出信号 $u_o(t)$ 的频率和输入信号

$u_i(t)$ 的频率相同，而这两个信号的相位可以是不等的。也就是说 $u_o(t)$ 与 $u_i(t)$ 的频率完全相等，它们的相位差保持恒定。

鉴相器（PD）是一个相位比较器，起测量的作用。它输出的电压 $u_D(t)$ 是 $u_i(t)$ 和 $u_o(t)$ 相位差的函数。低通滤波器（LP）主要作用是滤除鉴相器输出电压中的高频分量，将低频分量 $u_C(t)$ 送入压控振荡器。压控振荡器为被控制的对象，压控振荡器输出信号 $u_o(t)$ 的频率随 $u_C(t)$ 的变化而改变。

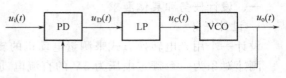

图 3-3-2　锁相环原理框图

如果 $u_i(t)$ 和 $u_o(t)$ 的频率不一样，鉴相器输出一电压，经过低通滤波器控制压控振荡器的振荡频率，使其频率作相应改变，最后使 $u_i(t)$ 和 $u_o(t)$ 的频率达到相等，而相位差恒定。恒定的相位差使鉴相器维持一恒定电压输出，通过低通滤波器去控制压控振荡器的输出频率和输入频率同步，这时 $u_o(t)$ 与 $u_i(t)$ 就被锁相环锁定。

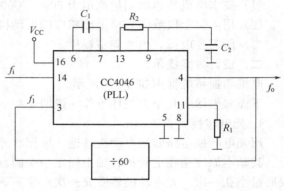

图 3-3-3　60 倍频电路

（2）60 倍频电路的输出信号频率为 f_o，是输入信号频率 f_i 的 60 倍，锁相环组成的 60 倍频电路如图 3-3-3 所示。倍频电路是由锁相环和 60 进制分频器组成，分频器被插入在 VCO 输出和鉴相器之间，当锁相环锁定时，计数器输出信号频率 f_1 和锁相环输入信号频率 f_i 相等，从而使 $f_o = f_i \times 60$，达到了 60 倍频的目的。锁相环还可以组成 U/F 转换器、脉冲群发生器、解调器、频率合成器等。在题目四中还将用到锁相环。

（3）60 分频的分频器是锁相环组成 60 倍频电路中的一个关键部分。该电路可由一片 CD4518 的集成芯片组成。CD4518 是双二-五-十进制计数器，其端子图及功能表如图 3-3-4 所示。由所学知识知，只要将其接成 60 进制计数器，即可完成 60 分频的任务。

其中 E_n 为同步控制端，当 $E_n = 1$ 时，CP 为上升沿触发计数；当 CP = 0 时，E_n 为下降沿触发计数。

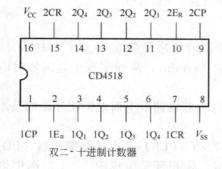

CP	E_n	CR	功能
↑	1	0	加计数
0	↓	0	加计数
↓	×	0	保持
×	↑	0	保持
↑	0	0	保持
1	↓	0	保持
×	×	1	清零

CD4518 功能表

图 3-3-4　CD4518 端子图和功能表

3. 电路的第Ⅲ部分简介

该部分是计数、译码、显示、控制电路。其原理框图如图 3-3-5 所示。其中计数、译码、显示电路可采用 ZCL102（简称四合一）。

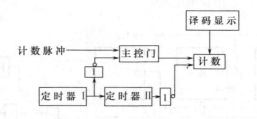

图 3-3-5 控制原理框图

ZCL102 系列"四合一"组件实质上是由 CMOS 集成电路 C180 芯片、ZC412 芯片 0.5 寸 LED 数码管三部分组成，具有十进制计数/锁存/译码驱动/显示功能，故简称"四合一"。时钟脉冲的正负沿均可触发计数，当利用正跳变脉冲触发时，脉冲从时钟端（CP 端）输入，同时时钟允许端（E）接高电平；当利用负跳变脉冲触发时，脉冲从时钟允许端（E）输入，同时时钟端（CP）接低电平。若复位端 R 加高电平，计数器清零。进位脉冲输出端（C_O）是从计数器 C180 芯片的 Q_D 端引出，当加法计数产生进位时输出一个负脉冲，此脉冲可作为更高一级计数器的计数脉冲。A、B、C、D 是锁存器四个 BCD 码输出端，当 LE 为低电平时，允许送数；当 LE 为高电平时，锁存器内容锁定。当 BL 为低电平时，数码管显示；当 BL 为高电平时，数码管熄灭。当 DPI 为高电平时，小数点显示；反之小数点熄灭。

由以上说明，可以得知 ZCL102 端子应接成图 3-3-6 所示。R 端接控制脉冲，以控制计数及清零。个位的 CP 端接主控门来的计数脉冲，以后各位的 CP 端脉冲都由其低位的 C_O 提供。

为配合 ZCL102 芯片的使用，控制电路的定时器 I 采用 555 电路接成的多谐振荡器。其作用之一是：将其输出通过反相器提供一个 1s 的正脉冲作闸门信号控制主控门。作用之二是：为单稳态电路（定时器 II）提供一个触发信号，使定时器 II 产生一个和闸门信号同步的 4s 正脉冲，经反相后用于控制计数器的计数和清零。它们的时序关系见图 3-3-7 所示。

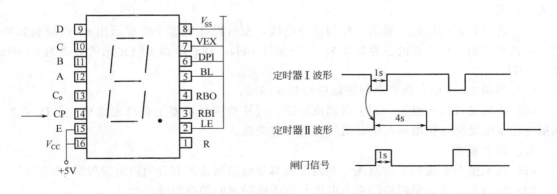

图 3-3-6 四合一端子图　　　　　　图 3-3-7 控制电路中各脉冲时序关系

关于 555 电路如何组成多谐振荡器和单稳态电路请复习有关知识，自行考虑设计。

三、总电路原理图

电动机转速测量系统的总电路如图 3-3-8 所示。该电路仅为初学者提供参考。完全可以在满足设计要求的前提下，采用其他电路。

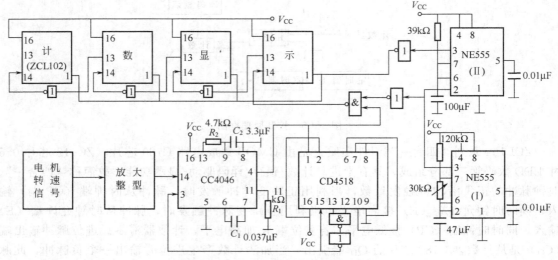

图 3-3-8　电动机转速测量系统原理图

四、调试步骤

（1）调试 555 时基电路 I 多谐振荡器，使它输出如图 3-3-7 中定时器 I 的波形。

（2）用 555 时基电路 I 的输出触发 555 时基电路 II，调试单稳态电路，使其产生图 3-3-7 中定时器 II 的波形。

（3）用频率计输出各种不同频率的方波，观看计数、译码、显示及控制电路部分（即图 3-3-1 中的第III部分），能否满足设计的要求。

（4）调试所设计的放大、整形电路，并与装有光电转换器的电动机相接，用示波器观察各部分电路的输出是否正常。

（5）调倍频电路（即图 3-3-1 中的第II部分）。由频率计输出标准频率的方波接入 60 倍频器的输入端，用示波器测试 $f_0 = f_1 \times 60$ 的关系是否正常，并观察 CC4046 的输出波形是否为规则的方波，如果波形不规则，就要在 CC4046 输出的后面加一个整形电路，再把信号送入计数器。

（6）将倍频器和计数、显示、控制部分连接，在数码显示器上应显示出 60 倍频的脉冲数，如接在倍频器输入端的脉冲频率为 10Hz 或 100Hz，在显示器上应显示的数值为 600Hz 及 6000Hz。

（7）将图 3-3-1 中三部分全部连接进行总体调试。

（8）将电动机接入电源，调节电动机转速，可从数码显示器上观测电动机的转速变化，测量并记录电动机电枢电压与电动机转速的对应关系。

五、报告要求

（1）说明整个系统的工作原理，并画出各部分电路图及各部分的输出波形图。

（2）画出电动机电枢两端的直流电压与电动机转速的关系曲线。

（3）分析误差。

（4）总结在调试中出现的问题及解决方法。

题目四　简易数字电压表

电压和频率的转换应用十分广泛，普遍用于遥测系统、数字式仪表、锁相环技术、医用仪器等。本题目要求根据压-频转换原理制成简易数字电压表，通过该题目了解电压-频率转换的途径及应用实例。并了解模拟量和数字量转换的又一途径，加强对A/D转换原理的理解，提高运用模拟电子技术和数字电子技术的综合能力。

一、设计任务及具体要求

1. 设计任务

要求利用压-频转换原理实现对一个正电压的测量，测量值由数码管直接显示。

2. 具体要求

(1) 被测电压值为正值。测量电压范围为 0~9.99V。
(2) 对输入的 0~9.99V 正电压，用三位数码管显示 0.00~9.99。
(3) 数码管每 4s 刷新一次，读数停顿 3s。
(4) 实验室提供所需直流电源。

二、设计方案提示

总体原理框图如图 3-4-1 所示。其基本原理是采用压-频转换原理，将输入电压转换成频率和输入电压幅值成正比的计数脉冲，通过在单位时间内对脉冲的计数反映输入电压的值。

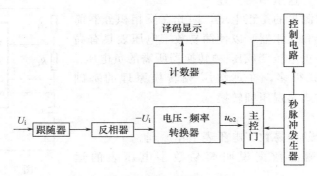

图 3-4-1　简易数字电压表原理框图

对其中的压-频转换器建议由锯齿波产生电路和触发器组成，如图 3-4-2 所示。其中运放实现反相积分，在积分期间，三极管 VT_1 处于截止状态。反相积分电路对输入的负电压经反相积分在输出端 u_{o1} 获得正相锯齿波电压（电压从零逐渐增大）。当 u_{o1} 电压增大到一定值（U_T）时，三极管 VT_2 由截止转为饱和，VT_2 的集电极电压 $u_{C2}=u_{ces}$，输出低电平。该低电平电压和经由反相器输出的高电平电压被分别加到 R-S 触发器的 R 和 S 端使 $Q=0$，$\overline{Q}=1$。Q 端的输出由反相器输出高电平。$\overline{Q}$ 端输出的高电平控制 VT_1 的基极，使 VT_1 由截止转为饱和，电容 C 迅速放电。电容上的电压下降，使 u_{o1} 迅速由高电平变为低电平，VT_2 转为截止。触发器 Q 端的输出经由反相器输出恢复低电平，同时由于 $\overline{Q}$ 端的低电平，反相积分电路又开始积分。周而复始，在积分器的输出端 u_{o1} 形成一周期受 U_i 控制的锯齿波，在反相器的输出端 u_{o2} 得到和锯齿波同频率的计数脉冲，波形图如图 3-4-3 所示。

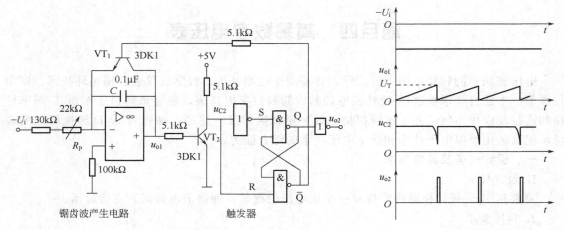

图 3-4-2 压-频转换器　　　　　图 3-4-3 压-频转换器各处波形图

主控门的开启时间由秒脉冲控制，计数显示器在每秒钟内的计数值正好反映了锯齿波的频率。由反相积分器工作原理可知，锯齿波电压的频率显然和积分器输入电压的绝对值成正比。适当调整反相积分电路中的 R、C 值（图 3-4-2 所示电路调节 R_P 值），使被测电压 5V（输入压-频转换器为 -5V）时，锯齿波的频率为 500Hz，则数码管显示 5.00，即达到了测量电压的目的。

关于秒脉冲发生器、计数译码显示器以及控制计数显示工作的控制原理和电路参照题目三中计数、控制部分，这里不再赘述。

由于本题目要求测量的是正电压，因此在反相积分器前必须加入电压跟随器和反相器，以使简易数字电压表具有高输入阻抗和将输入的正电压变成压-频转换器所需的负电压。

压-频转换的方式很多，在理解压-频转换原理的基础上，欢迎采用其他方式实现压频转换。

三、报告要求

（1）简述所设计的简易数字电压表工作原理。

（2）用一组实测的数据说明简易数字电压表的运用实况。

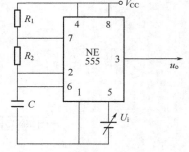

图 3-4-4 压-频转换器

（3）试分析如何提高该数字电压表的测量精度？

（4）图 3-4-4 电路中，若 5 端接输入电压 U_i，555 电路的振荡频率是否受 U_i 控制？在本题目中能否替代图 3-4-2 的压-频转换器？为什么？

题目五　红外遥控电路

遥控电路目前广泛应用，诸如无线遥控、声控、超声波遥控、红外遥控等。其中红外遥控被广泛应用在家用电器做控制开关。通过该题目，可掌握红外遥控的原理和应用技术。

一、设计任务及具体要求

1. 设计任务

设计一个用红外发射、红外接收进行控制电灯亮灭的电路。

2. 具体要求

(1) 用红外发射和红外接收原理组成遥控开关电路。
(2) 开关电路控制灯泡的接通与断开。
(3) 实验室提供电路所需的直流电源。

二、设计方案提示

电路的总体框图如 3-5-1 所示。

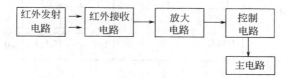

图 3-5-1　红外遥控电路总体框图

下面分别对其中的有关电路做一说明。

1. 发射电路

红外发射电路种类很多，下面介绍一个简单的红外发射电路，如图 3-5-2 所示。其中 555 电路被接成多谐振荡器，红外发射管 FG 接在多谐振荡器的输出端，因此红外光也就按多谐振荡器的频率发射。

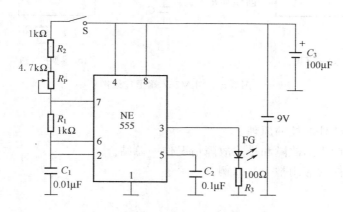

图 3-5-2　红外发射电路

2. 接收电路

红外接收电路实现的途径也很多，此处介绍一种简便电路。图 3-5-3 为接收电路。

图 3-5-3 接收电路中的核心部件是芯片音调译码器/锁相环 LM567。LM567 是一个高稳定度的锁相环，有关锁相环的概念参见题目三"电动机转速测量系统"。当接收信号的频率和 LM567 的中心频率相等时 LM567 的逻辑输出端 8 由高电平跳变到低电平。逻辑输出端可驱动 100mA 吸收电流负载。LM567 锁定的频率范围为音频，因此又称为音调译码器。

LM567 的端子图和典型接线图如图 3-5-4(a)、(b) 所示。LM567 是集电极开路的电路，因此在使用时输出端必须通过一电阻接电源。LM567 的中心频率由 R_1 和 C_1 决定。

红外接收电路的输入电路是红外接收管 HG。HG 接收到红外光时导通，否则截止。当红外发射管 FG 以多谐振荡器的频率发射信号时，红外接收管接收到相应的信号形成一系列脉冲信号，脉冲信号通过运算放大器耦合到 LM567。LM567 的输出经过放大控制一小型继电器，由继电器开关接通灯泡（此处可参考题目一）。

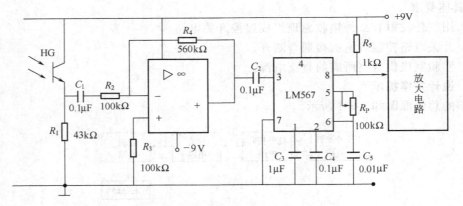

图 3-5-3 红外接收电路

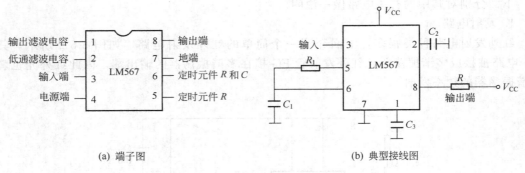

(a) 端子图   (b) 典型接线图

图 3-5-4 LM567 端子连线图

三、报告要求
（1）简要叙述红外遥控的原理。
（2）对调试中产生的故障和排除故障情况作一总结。
（3）对红外遥控的应用举一、二例。

题目六 定 时 器

在日常生活中经常需要定时，本题目要求设计一个定时器。通过它对数字电路知识有一个综合全面的运用，提高自身的综合应用能力。

一、设计任务和具体要求
1. 设计任务
设计一个能在 0～60min 内定时的定时器。
2. 具体要求
（1）定时开始工作，红指示灯亮。定时结束时，绿指示灯亮。
（2）可以随意地以分为单位，在 60min 范围内设定定时时间。
（3）随着定时的开始，显示器显示时间。如定时 10min，定时开始后，显示器依次 0→1→2→3→4→5→6→7→8→9→10 进行即时显示。
（4）定时结束时，手动清零。

(5) 实验室提供所需直流电源。

该题目对定时器提出的要求，仅局限于基本要求。若有兴趣可以设计得更完善一些。比如，定时结束后绿灯亮 10s 后，定时器自动清零。或者定时结束后，计数显示器保持原定时的时间不变，等等。

二、设计方案提示

定时器的构成分两大部分，一是分计数器，二是定时比较器，其原理框图如图 3-6-1 所示。

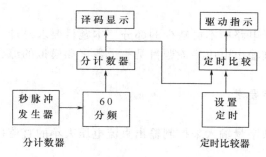

图 3-6-1 定时器原理框图

1. 分计数器

分计数器中的秒脉冲，可以采用多种已熟悉的方法。简易的可以采用 555 时基电路，精度高的可以采用晶振分频电路。晶振分频电路如图 3-6-2 所示。其中晶振产生的频率为 32768Hz 的脉冲，CD4060 是 14 位二进制串行计数器/分频器，由它进行 2^{14} 分频，得频率为 2Hz 的信号，再由 D 触发器 2 分频得到秒脉冲。该秒脉冲的精度和稳定度很高。

分计数器中的分频器、60 进制计数器则可由熟悉的中规模集成芯片组成。

要注意的是：计数器的码制和译码器的码制以及定时设置器的码制都要一致。一般可用通常的 8421BCD 码。

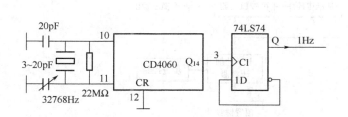

图 3-6-2 秒脉冲产生电路

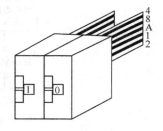

图 3-6-3 8421BCD 拨码开关

2. 定时比较器

(1) 拨码开关用来设定定时的时间。两个并联的 8421BCD 拨码开关的结构，如图 3-6-3 所示。共有 5 位引出线，其中一位是输入控制线（编号为 A）其余 4 位是数据线（分别为 8、4、2、1）。拨码开关拨到某个位置时，输入控制线与之相应的数据线接通。

(2) 数据比较器的组成可以有多种方式，可以用一些基本的门电路组成，具体自行设计。提示：可以以异或门为核心，外加或非门、与非门等组成。

数据比较器完成的功能是将分计数器中的数据和拨码开关设置的数据进行比较，当完全相同时输出信号去控制相应的指示灯点亮。

三、报告要求

（1）画出定时器完整的电路图。
（2）对调试中产生的故障和排除故障情况作一总结。
（3）对定时器作一个功能更为全面的设想，并简述实现的设计思路。

题目七　数控直流稳压电源

直流电源是一般电子电路中不可缺少的部分。本题目要求设计一个数控直流电源，通过按键在一定范围内调整其输出电压。该题目是一个数字和模拟的综合系统，对培养学生综合开发能力十分有益。

一、设计任务和具体要求

1. 设计任务

设计一个可以通过数字量输入来控制输出直流电压大小的直流稳压电源。

2. 具体要求

（1）输出电压范围：0～10V，步进1V，纹波电压不大于10mV。
（2）输出电流为500mA。
（3）输出电压由数码管显示。
（4）自制该系统工作所需的直流稳压电源。

二、设计方案提示

该电源要求通过数字量的输入控制直流电源输出电压的大小，因此输出电压是步进增减的。从0～10V，每步1V，共计11步。十一进制计数器的状态和输出电压的大小相对应。其状态可以通过预置设定也可以通过步进的增减来进行调整。总体原理参考框图如图3-7-1所示。下面对其中有关的单元电路作一说明。

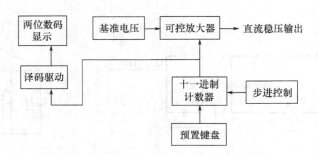

图 3-7-1　数控直流电源原理框图

1. 可控放大器

从原理框图中可以看出可控放大器的放大倍数受计数器的状态控制。参考电路如图3-7-2（a）所示。

图 3-7-2(a) 中的可控放大器为一个由模拟开关（CD4066）控制的反相加法电路，其中模拟开关的控制端为"1"时，开关闭合，控制端为"0"时，开关打开。显然十一进制的计数状态正好对应放大器的放大倍数，也正好和输出电压相等。CD4066的端子图如图3-7-2（b）所示。

2. 基准电源

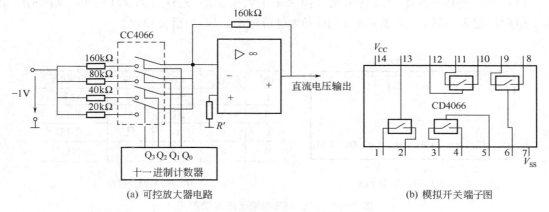

(a) 可控放大器电路 (b) 模拟开关端子图

图 3-7-2 可控放大器及模拟开关

由上述可控放大器的原理可知需输入一个 $-1V$ 的基准电源。基准电源的核心器件可采用 CW117。CW117 是可调的三端集成稳压电路，用少量的外部元件就可以方便地组成精密的可调稳压器或稳流器电路。与通常的 W78、W79 系列相比具有应用方便，性能优良等特点。

图 3-7-3 为 CW117 固定低电压输出，在输出端可获得极稳定的 1.25V 直流电压。电容 C_i 的作用是抵消输入线的电感效应，防止自激振荡。C_o 的作用是削弱由于负载突变而引起的高频噪声。1.25V 电压通过一反相器便可获 $-1V$ 基准电压。

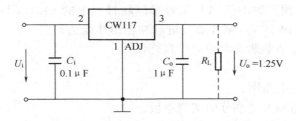

图 3-7-3 CW117 组成基准电源

3. 十一进制计数器和步进控制器

十一进制计数器和步进控制器的参考电路如图 3-7-4 所示。

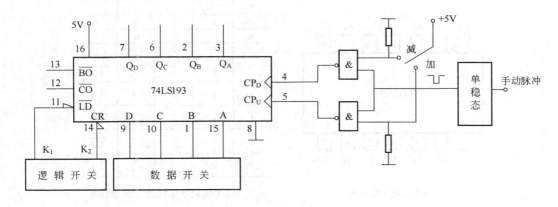

图 3-7-4 数控部分参考电路

（1）十一进制计数器建议采用双时钟同步十六进制加/减计数器 74LS193。74LS193 的端子图和功能表如图 3-7-5 所示。其中$\overline{CO}$为进位输出，$\overline{BO}$为借位输出。

(a) 74LS193端子图

CR	$\overline{LD}$	CP_U	CP_D	工作状态
1	×	×	×	清零
0	1	⊓	1	加计数
0	1	1	⊓	减计数
0	0	×	×	置数

(b) 74LS193功能表

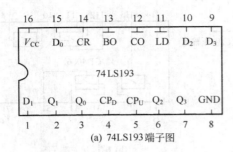

图 3-7-5　74LS193 的端子图和功能表

从中可以看出 74LS193 具有异步置零和预置数的功能。

（2）步进脉冲产生器的参考电路选用不可重复触发的 74LS121 单稳态集成芯片。不可重复触发是指一旦被触发进入暂稳态，再加入触发脉冲不起作用。74LS121 的端子图和状态表如图 3-7-6 所示。其典型接法如图 3-7-7 所示。

图 3-7-7(a) 为采用外接 C_{ext}（10pF～10μF）和 R_{ext}（2～30kΩ），脉冲宽度可达20ns～200ms。暂态脉冲时间 $t_W=0.69R_{ext}C_{ext}$。

图 3-7-7(b) 采用内部的 R_{int}（约 2kΩ）取代 R_{ext}。在不需要较宽脉冲的场合，用该电路方便简捷。

注意，图 3-7-4 中预置数的拨码开关若采用题目六中的 8421BCD 码，则电源的预置数显然最大为 9，若要输出 10V，则要靠步进脉冲作用才能达到。

其余的数码显示等请参照前面的题目自行设计。

三、报告要求

（1）画出整个系统电路图。

（2）写清设计思路和关键部分的实现手段。

（3）设计、调试中的体会。

（4）改进意见。

(a) 74LS121端子图

输入			输出	
A_1	A_2	B	Q	$\overline{Q}$
0	×	1	0	1
×	0	1	0	1
×	×	0	0	1
1	1	×	0	1
1	↓	1	⊓	⊔
↓	1	1	⊓	⊔
↓	↓	1	⊓	⊔
0	×	↑	⊓	⊔
×	0	↑	⊓	⊔

(b) 集成单稳态触发器 74LS121 的功能表

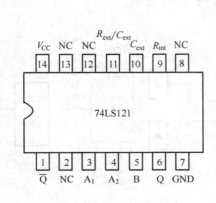

图 3-7-6　74LS121 端子图和功能表

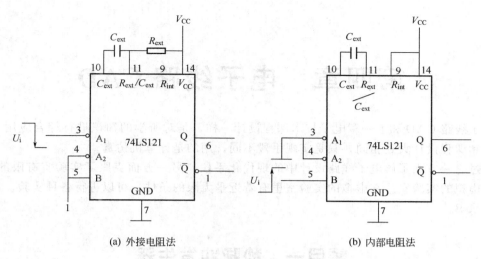

图 3-7-7　74LS121 的典型接法

第四章 电子线路CAD

电子线路CAD和上一章电子技术课程设计一样,是对所学的知识进行综合应用。进行的过程和课程设计大致相同,只是实现手段不同,用的是计算机仿真。

通过它一方面了解电子线路设计中的现代化手段,另一方面克服了实验室有限的条件,进入了虚拟的实验室。在虚拟的实验室里有着近乎无限的条件,可以进行各种实验。具体操作看附录B。

题目一 秒脉冲发生器

设计一个秒脉冲发生器,按照以前所学的知识可以采用555定时器,也可以采用石英晶体振荡电路,或其他电路。

该题目比较简单,通过它主要是为了熟悉电子线路CAD中EWB5.0软件的使用方法。

一、设计任务和具体要求

1. 设计任务

设计一个秒脉冲发生器。

2. 具体要求

(1) 设计一个周期为1s的方波,占空比不作要求。

(2) 用示波器显示波形并测量波形的周期。

(3) 将该秒脉冲发生器创建成子电路,以备以后实验中调用。

二、报告要求

(1) 写清你的设计思路。

(2) 小结EWB5.0的使用要点。

题目二 A/D转换器

A/D转换器将模拟量转换成数字量,是数字控制系统、测量系统中不可缺少的重要组成部分,也是计算机实现各种控制的重要接口。如数据采集系统等常用的计算机入端接口电路就是A/D转换器,它还是数字测量仪器中的核心元件,通过它将被测的模拟量转换成数字量显示,因此必须熟悉它。

一、设计任务和具体要求

1. 设计任务

在了解A/D转换器功能的基础上设计一简易电压表。

2. 具体要求

(1) 将元件库中的ADC调出,按图4-2-1连线,熟悉它的使用方法和性能。

（2）简易数字电压表要求：分别输入 5V、4V、3V、2V、1V 的整数电压时，半导体数码管相应显示 5.0、4.0、3.0、2.0、1.0。

二、器件介绍

EWB 的元件库中有带译码器的 7 段半导体数码管，如图 4-2-2 所示。其中四个管脚应分别输入对应 8421BCD 码的 DCBA，即可通电显示相应的十进制数。

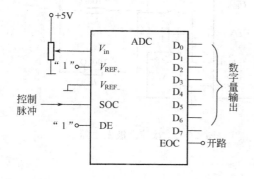

图 4-2-1 A/D 转换器的使用

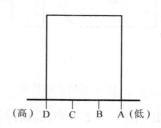

图 4-2-2 7 段发光二极管

三、报告要求

（1）写出简易电压表的设计思路。
（2）使用 A/D 转换器有何体会？

题目三 D/A 转换器

D/A 转换器将数字量转换成模拟量，和 A/D 转换器一样是数字控制系统中一个常用的器件。当计算机用于控制一个模拟系统时必须采用 D/A 转换器作输出接口，将计算机输出的数字量转换成相应的模拟量，我们必须熟悉它。

一、实验内容

（1）调用 EWB 元件库中的 DAC 器件，按图 4-3-1 连线，熟悉它的基本使用方法。其中 DAC（I）为电流型，需要外加集成运放才能输出相应的电压。调整 R_F 的大小，使得输入为"11111111"时，输出电压正好为 5V。DAC（V）为电压型，直接就可以在它的输出端得到相应的电压。

（2）在熟悉 D/A 转换器的基础上，按图 4-3-2 连线实现一个数控方波发生电路，并用示波器显示其波形。

二、实验说明

（1）图 4-3-2 中的稳压二极管从元件库中取出后，需要通过元器件属性的对话框选中一个稳压值为 6V 或 7V 的带具体型号的稳压管。

（2）图 4-3-2 中的 D/A 转换器采用 DAC（I），其中电压参考端为图 4-3-1 中 DAC（I）负参考电压输入端。

三、报告要求

（1）在复习有关的积分电路、电压比较器等知识的基础上分析图 4-3-2 电路的工作原理。

（2）调节 R_P 观察方波频率的变化，指出 C_1、R_1、R_2 参数对电路的影响。

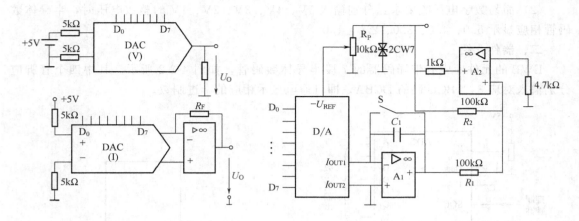

图 4-3-1 D/A 转换器的使用　　　　图 4-3-2 数控方波发生器

(3) 指出图 4-3-2 中并在电容两端开关的作用。

题目四　交通灯控制逻辑电路设计

为了确保十字路口的车辆顺利、畅通地通过，往往都采用自动控制的交通信号灯来进行指挥。其中红灯（R）亮，表示该条道路禁止通行；黄灯（Y）亮表示停车；绿灯（G）亮表示允许通行。本实验要求设计一个十字路口交通信号灯控制器，并用发光二极管模拟汽车的运行的情况。

该题目是一个较为综合的数字电路系统，对提高能力很有帮助。

一、设计任务和具体要求

1. 设计任务

(1) 设计一交通路口的红绿灯控制系统。

(2) 汽车在红绿灯控制下行驶的模拟系统。

2. 具体要求

(1) 南北方向的红、黄、绿灯分别为 NSR、NSY、NSG。东西方向的红、黄、绿灯分别为 EWR、EWY、EWG。

它们的工作方式是互相关联的，即南北方向绿灯亮，东西方向红灯亮；南北方向黄灯亮，东西方向红灯亮；南北方向红灯亮，东西方向绿灯亮或东西方向的黄灯亮。

(2) 应满足两个方向的工作时序：即东西方向亮红灯时间应等于南北方向亮黄、绿灯时间之和，南北方向亮红灯时间应等于东西方向亮黄、绿灯时间之和。时序工作波形图见图 4-4-1 所示。图 4-4-1 中，假设每个单位时间为 4s，则南北、东西方向绿、黄、红灯亮时间分别为 20s、4s、24s，一次循环为 48s，其中红灯亮的时间为绿灯、黄灯亮的时间之和。

(3) 用 LED 发光二极管模拟汽车行驶电路。当某一方向绿灯亮时，这一方向的发光二极管接通，并一个一个依次亮灯，表示汽车在行驶并能顺利地通过十字路口；当遇到黄灯和红灯时，没过十字路口的二极管发光状态还在移动，表示车辆仍在继续涌向路口，但二极管发光状态不可能再移过十字路口。因为车辆被阻止在路口了。另外红灯亮时，则另一方向转为绿灯亮，则那个方向的 LED 发光二极管就开始移位（表示这一方向的车辆行驶）。

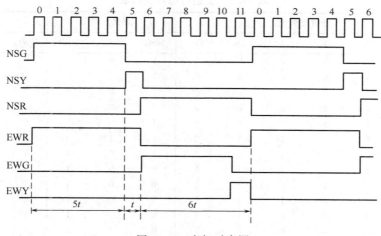

图 4-4-1 亮灯时序图

二、设计方案提示

根据设计任务和要求,交通灯控制器的系统框图如图 4-4-2 所示。

参考交通灯控制器的系统框图,设计方案可以从以下几部分进行考虑。

1. 单位脉冲发生器

十字路口每个方向绿、黄、红灯所亮时间比例分别为 5∶1∶6,现选 4s 为一单位时间,则计数器每计 4s 输出一个脉冲。这一电路很容易实现,请自己考虑。

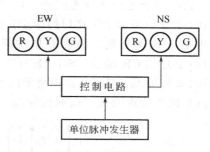

图 4-4-2 系统框图

2. 交通灯控制器

由图 4-4-1 的时序波形图可知,计数器每次工作循环周期为 12,所以可以选用 12 进制计数器。计数器可以用单触发器组成,也可以用中规模集成计数器。这里我们建议选用中规模 74164 移位寄存器组成扭环形 12 进制计数器(74164 的管脚如图 4-4-3 所示、功能表如表 4-4-1 所示)。扭环形计数器的状态表如表 4-4-2 所示。根据状态表,不难列出东西方向和南北方向绿、黄、红灯的逻辑表达式。由逻辑表达式设计逻辑图,请同学们自行完成这一任务。

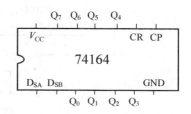

图 4-4-3 74164 的管脚图

表 4-4-1 74164 功能表

输入				输出								功能
清零 CR	时钟 CP	串行输入 D_{SA}	D_{SB}	Q_0	Q_1	Q_2	Q_3	Q_4	Q_5	Q_6	Q_7	
0	×	×	×	0	0	0	0	0	0	0	0	清零
1	0	×	×	Q_0	Q_1	Q_2	Q_3	Q_4	Q_5	Q_6	Q_7	保持
1	↑	1	1	Q_0	Q_1	Q_2	Q_3	Q_4	Q_5	Q_6	Q_7	移
1	↑	0	×	Q_0	Q_1	Q_2	Q_3	Q_4	Q_5	Q_6	Q_7	
1	↑	×	0	0	Q_0	Q_1	Q_2	Q_3	Q_4	Q_5	Q_6	位

表 4-4-2　交通灯亮灯状态表

CP	计数器输出						南北方向			东西方向		
	Q_0	Q_1	Q_2	Q_3	Q_4	Q_5	NSG	NSY	NSR	EWG	EWY	EWR
0	0	0	0	0	0	0	1	0	0	0	0	1
1	1	0	0	0	0	0	1	0	0	0	0	1
2	1	1	0	0	0	0	1	0	0	0	0	1
3	1	1	1	0	0	0	1	0	0	0	0	1
4	1	1	1	1	0	0	1	0	0	0	0	1
5	1	1	1	1	1	0	0	1	0	0	0	1
6	1	1	1	1	1	1	0	0	1	1	0	0
7	0	1	1	1	1	1	0	0	1	1	0	0
8	0	0	1	1	1	1	0	0	1	1	0	0
9	0	0	0	1	1	1	0	0	1	1	0	0
10	0	0	0	0	1	1	0	0	1	1	0	0
11	0	0	0	0	0	1	0	0	1	0	1	0

3. 模拟汽车行驶电路

这一部分电路可参考图 4-4-4。图 4-4-4 模拟的是南北方向的汽车流动情况。74164-1 和 74164-2 分别表示十字路口的两边。任何时候 74164-1 片的 CR 均为高电平，在 CP 移位脉冲作用下，LED 发光二极管会依次发光，这就模拟了汽车依次向前行驶，不断涌向路口。74164-2 片的 CR 端接 NSG，这样 74164-1 片的发光二极管的状态只有在绿灯亮时才能移到 74164-2 片的 Q_0 端，这就相当于汽车只能行驶过绿灯亮的十字路口。反之当红灯和黄灯亮时汽车就不能连续地"向前行驶"。

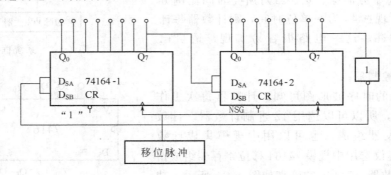

图 4-4-4　模拟汽车行驶原理图

这里要说明的一点是，模拟汽车行驶的电路按照不同的要求将有所不同，图 4-4-4 相对是个较为简单的模拟，同学们完全可以在此基础上设计一个更加逼真的模拟线路。

三、报告要求

（1）请在总结报告中写清整个实验的设计思路。

（2）在设计中是否运用了 EWB5.0 的子电路功能？有何体会？

题目五　8 路移存型彩灯控制器

节日的彩灯五彩缤纷，彩灯的控制电路种类繁多。该题目要求用移位寄存器为核心元件设计一个 8 路彩灯控制器。该题目的控制电路在时序方面的要求较之交通灯控制线路有所提高。

一、设计任务和具体要求

1. 设计任务

设计一彩灯控制电路。

2. 具体要求

（1）彩灯控制电路要求控制 8 个以上的彩灯。

（2）要求彩灯组成两种以上花型，每种花型连续循环两次，各种花型轮流交替。

二、设计方案提示

该彩灯控制器的总体框图如图 4-5-1 所示。因为是 EWB 仿真实验，所以在编码器和 LED 之间可以省去缓冲驱动电路。

下面以 8 个彩灯两种花型为例，对几个主要单元电路作一说明。

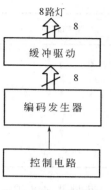

图 4-5-1 彩灯控制总体框图

1. 编码发生器

编码发生器要求根据花型按节拍送出 8 位状态编码信号，以控制彩灯按规律亮灭。因为彩灯路数少，花型要求不多，该题宜选用移位寄存器输出 8 路数字信号控制彩灯发光。

编码发生器建议采用两片 4 位通用移存器 74194 来实现。74194 具有异步清除和同步预置、左移、右移、保持等多种功能，控制方便灵活。8 路彩灯用两片 74194 组成 8 位移存器，花型可以比较灵活。它的功能表和管脚图见图 4-5-2。

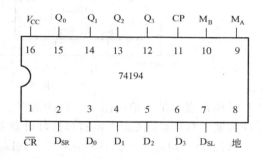

图 4-5-2 74194 功能表和管脚图

这里特别要注意的是一般情况下，左移是指由低位向高位移，但是由于 74194 中高低位几何位置和一般的书写习惯相反，因此由低位向高位移时在 74194 中应该执行右移操作。

移存器的 8 个输出信号送至 LED 发光二极管，编码器中数据输入端和控制端的接法由花型决定。考虑到讲解的方便，此处选择下列两种花型。

花型 I——由中间到两边对称地依次亮，全亮后仍由中间向两边依次灭。

花型 II——8 路灯分两半，从左自右顺次亮，再顺次灭。

根据选定的花型可列出移存器（编码发生器）的输出状态编码表（表 4-5-1）。

2. 控制电路

控制电路为编码器提供所需要的节拍脉冲和驱动信号，同步整个系统工作。控制电路的功能有二，一是按需要产生节拍脉冲，二是产生移存器所需要的各种驱动信号。前者较简单，后者较麻烦。控制电路设计通常按下述步骤进行。

（1）逐一分析单一花型运行时移位寄存器的工作方式和驱动要求。表 4-5-1 是 74194 移存器工作的状态顺序表，它也是分析移存器工作方式和驱动要求的依据。现以花型II为例说明之。

表 4-5-1 输出状态编码表

节拍脉冲	编码 Q_A	Q_B	Q_C	Q_D	Q_E	Q_F	Q_G	Q_H
	花型 I				花型 II			
1	0 0 0 0				0 0 0 0			
2	0 0 0 1	1 0 0 0			1 0 0 0	1 0 0 0		
3	0 0 1 1	1 1 0 0			1 1 0 0	1 1 0 0		
4	0 1 1 1	1 1 1 0			1 1 1 0	1 1 1 0		
5	1 1 1 1	1 1 1 1			1 1 1 1	1 1 1 1		
6	1 1 1 0	0 1 1 1			0 1 1 1	0 1 1 1		
7	1 1 0 0	0 1 1			0 0 1 1	0 0 1 1		
8	1 0 0 0	0 0 0 1			0 0 0 1	0 0 0 1		
9	0 0 0 0				0 0 0 0			

花型 II 是 8 拍一循环，第 9 拍自动清零. 这样 74194 的清零端就不需要特别控制，可以始终接 "1"。74194-1 和 74194-2 需要实现的都是 Q_0 向 Q_3 移，对 74194 来讲都是右移，D_{SR1} 和 D_{SR2} 都应接 Q_H，而 D_{SL1} 和 D_{SL2} 都可以是任意电平。控制端 M_{A1}、M_{A2} 都应接 "1"，而 M_{B1}、M_{B2} 都应接 "0"。具体如图 4-5-3 所示。

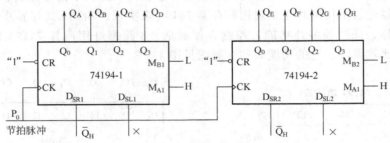

图 4-5-3 花型 II 接线图

同样花型 I 是 8 拍一循环，自动清零。状态变化两半对称，将 74194-1 接成 4 位左移扭环计数器，74194-2 接成 4 位右移扭环计数器就可实现。控制端的接线如下。

74194-1：M_{A1} = "0"，M_{B1} = "1"，$D_{SL1} = Q_A = Q_H$，$D_{SR1} = \times$

74194-2：M_{A2} = "1"，M_{B2} = "0"，$D_{SL2} = Q_H$，$D_{SR2} = \times$

（2）节拍控制脉冲的产生。按照上面分析可知、每种花型 8 拍一循环，一种花型循环两次需要 16 拍。实现一个大循环共需 32 拍。因此节拍控制脉冲需要：基本节拍脉冲，16 拍的节拍脉冲、32 拍的节拍脉冲。节拍控制脉冲产生电路框图如图 4-5-4 所示。

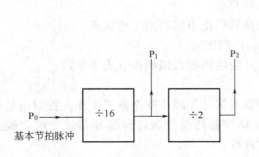

图 4-5-4 节拍控制脉冲产生电路框图

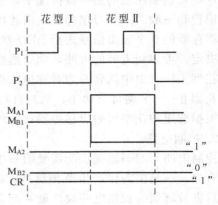

图 4-5-5 节拍脉冲时序图

74194 移存器所需的控制信号和节拍控制信号的时序关系图如图 4-5-5 所示。各控制端和信号的相应关系如表 4-5-2 所示。

表 4-5-2 控制端和信号关系

		I	II			I	II
74194-1	M_{A1}	P_2	P_2	74194-2	M_{A2}	1	
	M_{B1}	P_2	P_2		M_{B2}	0	
	D_{SR1}	×	Q_H		D_{SR2}		Q_H
	D_{SL1}	Q_H	×		D_{SL2}		×

8 路移存型彩灯控制器的具体线路请自行考虑。

以上只是举了一个两种花型循环的简单实例。这里要说明的是，在有些时候同样的花型需要不同的工作状态，可以采用数据选择器来协调它们的关系。比如上述实例中若想要实现慢节拍 32 拍和快节拍 32 拍，一共 64 拍的大循环，就可以采用如图 4-5-6 所示电路来控制两片 74194 的时钟控制端。其中 74157 是 2 选 1 的数据选择器，当控制端为"0"时，输出端输出 A 路信号（快节拍），当控制端为"1"时，输出端输出 B 路信号（慢节拍）。

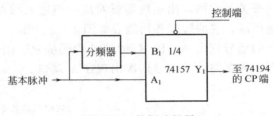

图 4-5-6 数据选择器

三、思考题

（1）如果花型不是 8 拍一循环，即要提前自动清零，应如何处理？

（2）若要求实现的两种花型：花型 I 同上，彩灯由里往外依次亮继而由里往外依次灭。花型 II 要求由外往里依次亮再依次由外往里灭。如何设计？

（3）在了解上述 8 路移存型彩灯控制器电路的工作原理和设计方法的基础上，请思考设计两种节拍交替和三种花型循环的彩灯控制电路，以实现更好的效果。

四、报告要求

（1）最后的总结报告中写出你的设计方案和体会。

（2）重点写出如何考虑数字电路中各部分的逻辑关系、时序关系。

题目六　多路信号显示转换器

为了使单踪示波器能实现对多路信号的同时观察，我们需要在单踪示波器的输入端接入一个多路转换器，实现对多路信号的同时观察。

一、设计任务和具体要求

1. 设计任务

设计一个多路信号显示器，配合单踪示波器使用，在示波器荧光屏上可以显示多路波形。

2. 具体要求

（1）同时显示四路以上模拟信号且清晰稳定（由于受 EWB5.0 中示波器余辉等的限制，

四路信号不一定能做到同时显示，交替显示亦可）。

（2）被测信号的上限频率为 1MHz。

二、工作原理及设计思路

多路信号转换器的基本思路是在地址形成器的控制下，通过数据选择器依次地将多路信号轮流地输入示波器的 Y 轴通道。总体框图如图 4-6-1 所示。

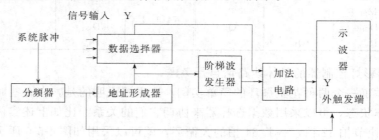

图 4-6-1 多路信号转换器的总体框图

1. 数据选择器

数据选择器又称多路开关，它的输出端按需要对应一组输入数据中的某一个。74LS151 就是一个 8 选 1 的数据选择器，它的管脚和功能表如图 4-6-2 所示。其中 Y 为输出端，$\overline{W}$ 为反相输出端。输出哪一路的信号则由 A、B、C 的地址代码决定。由总体框图可知数据选择器在地址形成器的作用下，将各路输入信号依次出现在 Y 端口。

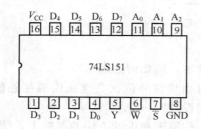

74LS151 功能表				
输入				输出
A_2	A_1	A_0	$\overline{S}$	Y	$\overline{W}$
φ	φ	φ	1	0	1
000…111			0	$D_0…D_7$	$\overline{D_0}-\overline{D_7}$

图 4-6-2 74LS151 数据选择器的管脚和功能表

2. 阶梯波发生器

由所学知识可知，通过 D/A 转换器很容易得到一阶梯波。阶梯波在此处的作用是对各路信号提供各不相同的直流电压，以使信号在示波器的荧光屏上处于不同的垂直偏移，便于观察。信号和直流的叠加则由加法器来完成。

3. 分频器的作用

多路信号显示器原理比较简单，但是真要在示波器上观察到稳定的各路波形，也并非易事。示波器的扫描时间、余辉时间、触发信号要相互配合，显示信号的幅值和叠加的直流电压值都要匹配才行。建议选择输入信号中一个作总体框图中要求的系统脉冲，经分频后送入示波器的外触发端，作外部触发脉冲用，同时和地址形成器之间形成同步。如地址形成器选用计数器，则它们之间的时序关系如图 4-6-3 所示。显见和触发信号配合，每触发一次，扫一路信号。

三、报告要求

（1）画出总体电路图。

（2）写出设计思路和调试过程。

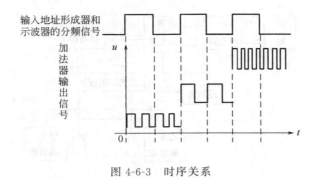

图 4-6-3 时序关系

题目七 拔河游戏机

电子游戏是常见的娱乐活动。电子游戏的设计要趣味性强,操作简便。通过对它的设计可以扩展思路,提高综合运用知识的能力。

一、设计任务和具体要求

1. 设计任务

游戏分甲乙两方,设计一拔河游戏,用按键的速度来模拟双方的力量,以点亮的发光二极管的左右移动显示双方比赛的状态。

2. 具体要求

(1)"拔河游戏机"用 15 个(或 9 个)发光二极管排成一排,比赛开始时中间的二极管点亮,以此为拔河的中心点。

(2)甲乙双方各持一个按键,比赛开始时双方迅速不断地按动各自的按键,以此产生脉冲,谁按得快,亮点就向谁方移动(甲方为右,乙方为左)。

(3)当任何一方的终端二极管点亮时,这一方就胜一局,此时二极管发光状态保持,双方按键无效。必须经复位键复位,亮点才能恢复移至中间,开始新一轮的比赛。

(4)要让显示器显示甲乙双方赢得的局数。

二、工作原理及设计思路

总体框图如图 4-7-1 所示。其基本思路如下。

甲乙双方通过各自的按键,不断地产生脉冲,产生的脉冲分别加到加减计数器的加端和减端,以不断地改变计数器的"值"。该"值"作为地址加到译码器上,以其相应的输出端驱动二极管发光。每当一方的终端二极管发亮时,通过计数器计数并显示译码,此时译码器保持输出不变,双方按键均无效。

下面对几个部分电路做一说明。

1. 脉冲产生器

脉冲产生器的参考电路如图 4-7-2 所示。其中由与门和两个与非门组成的电路为整形电路,其作用是产生一个占空比很大的脉冲信号,这样就减少了某一方在计数时另一方输出为低电平的机率,使甲乙双方都能有效地计数(具体参看下面 74LS193 的使用特点)。

2. 可逆计数器

可逆计数器的种类很多,但大多数计数器是靠"U/D"端为"0"还是"1"决定计数

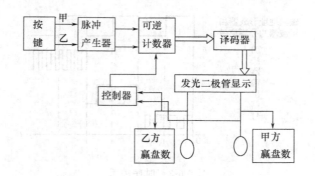

图 4-7-1　总体框图

器是加记数还是减记数。若拔河游戏机采用此类单时钟可逆计数器就无法方便随时地改变计数器的方向（加计数还是减计数）。这里建议采用74LS193芯片，74LS193芯片的管脚图和功能表请看第三章题目七数控直流稳压电源。74LS193为双时钟可逆计数器，时钟端有CP_U和CP_D。只要CP_U端为"1"，CP_D每个脉冲上升沿就使计数器减1；当CP_D端为"1"，CP_U的每个脉冲上升沿就使得计数器加1，193可以方便地随时改变计数器作加减计数。

3. 译码器和发光二极管的连接

译码器和9个发光二极管的连接参考图如图4-7-3所示。注意这里Q_1和Q_{15}、Q_3和Q_{13}……分别对称于Q_0排列在左右两边，这样就保证了当甲方抢先有效地输出了7个脉冲时，可以使最右边的发光二极管亮，同样当乙方抢先有效地输出7个脉冲时可以使最左边的发光二极管发光。译码器型号请自选。

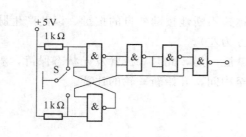

图 4-7-2　脉冲产生器

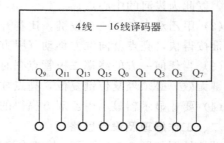

图 4-7-3　译码器和发光二极管连接图

其余的有关电路请自行设计并最终完成"拔河游戏机"的调试。

三、报告要求

画出整体电路并简述设计原理，总结设计和调试中的心得体会。

题目八　模拟乘法器的应用——调幅

通信系统的主要目的是实现远距离不失真地传送信息。所需传送的信息转换成电信号后，要将此电信号进行多路远距离传输是很困难的。通常是将此信号加载到高频信号上，用高频信号作为运载工具。将需传送的信号加载到高频信号上去的过程称为调制。

一、设计任务和具体要求

1. 设计任务

利用模拟乘法器设计电路完成调幅过程。

2. 具体要求

（1）掌握模拟乘法器调幅电路的基本工作原理，能够产生普通调幅波与双边带调幅波。
（2）改变调制系数，观察输出调幅波形的变化。

二、设计方案提示

人们说话时，声带的振动引起周围空气共振，并以 340m/s 的速度向四周传播，称为声波。人能够听到的声波在 20Hz～20kHz 范围内。声波在媒质中传播时声音强度随距离增大而衰减，远距离传送声波常用的方法是先将声音信号经过话筒转换成音频电信号，再设法把这个电信号传送出去。

根据电磁波理论，天线尺寸大于信号波长的十分之一，信号才能有效发射。设 $f=1$kHz，$\lambda=c/f=3\times10^8/10^3=3\times10^5$m，显然，低频信号直接发射是不现实的；另外，各个电台所发出的信号频率都相同，接收端也无法选择所要接收的信号。这就是调制的原因。

调制器使高频等幅振荡信号被声频信号所调制；已调制的高频振荡信号经放大后送入发射天线，天线可以短一些，电台也可以采用不同的高频振荡频率，使彼此互不干扰。调制（Modulation）是将低频信号装载于高频信号的过程。解调（Demodulation）是将已调信号还原为低频信号的过程。

调制的方式可分为调幅（AM）、调频（FM）、调相（PM）。用低频信号去改变高频信号的幅度，称为调幅。用低频信号去改变高频信号的频率，称为调频，用低频信号去改变高频信号的相位，称为调相。下面具体分析调幅的工作原理。

经调幅后的高频信号称调幅信号，把没有调幅的等幅高频信号称为载波信号，它是运载低频信号的工具。实现振幅调制经常采用具有相乘特性的非线性器件比如三极管来完成，随着集成电路的发展，性能优越的集成模拟乘法器得到广泛的应用。

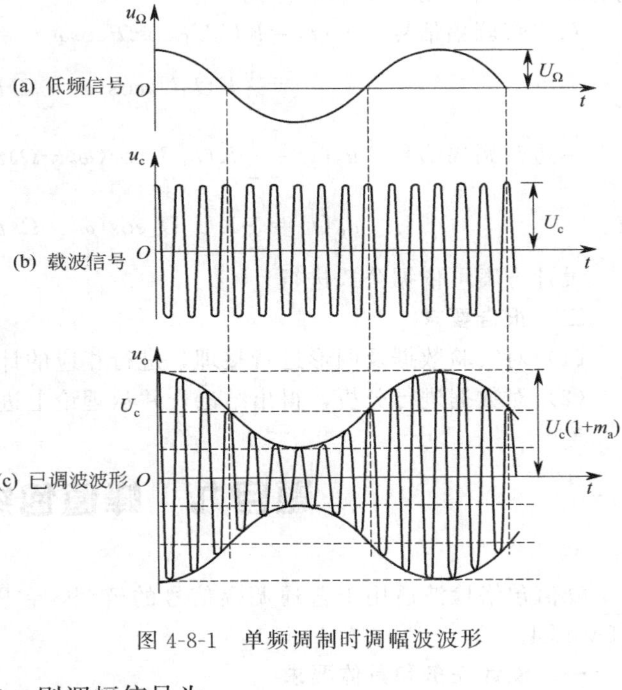

1. 单频调制波形（见图 4-8-1）

模拟乘法器的输出 $u_0(t)=Ku_X(t)u_Y(t)$，调制信号为

$$u_\Omega(t)=U_\Omega\cos\Omega t$$

载波信号为

$$u_c(t)=U_c\cos\omega_c t$$

图 4-8-1 单频调制时调幅波波形

假设模拟乘法器的乘积系数为 $K=1$，则调幅信号为

$$u_0(t)=K(U_c+k_aU_\Omega\cos\Omega t)\cos\omega_c t=U_c(1+m_a\cos\Omega t)\cos\omega_c t$$

$$=U_c\cos\omega_c t+\frac{1}{2}m_aU_c\cos(\omega_c+\Omega)t+\frac{1}{2}m_aU_c\cos(\omega_c-\Omega)t$$

式中，m_a 是调制系数，实际的调幅中要求 $m_a<1$。

设计方案可根据上式进行。在实验中观察 $m_a>1$ 时的波形。

2. 调幅波（已调波）频谱

根据式子很容易得到图 4-8-2 所示的频谱图。

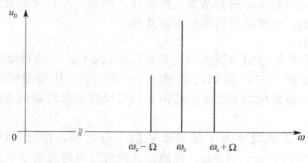

图 4-8-2 调幅波频谱图

3. 双边带调幅和单边带调幅

由于载波本身不包含信息，为了提高设备的功率利用率，可以不传送载波而只传送两个边带信号，这种调制方式称为抑制载波双边带调幅，简称双边调幅，用 DSB 表示。由于上、下边频带中的任何一个边频带以及功能包含调制信号的全部信息，因此为了节省占有的频带、提高波段利用率，可以只传送两个边带信号中的任何一个，称为抑制载波单边带调幅，简称单边调幅，用 SSB 表示。则

双边带调幅信号　　$u_o(t) = K U_c U_\Omega \cos\Omega t \cos\omega_c t$

$$= \frac{1}{2} K U_\Omega U_c \cos(\omega_c + \Omega)t + \frac{1}{2} K U_\Omega U_c \cos(\omega_c - \Omega)t$$

单边带调幅信号　　$u_o(t) = \frac{1}{2} K U_\Omega U_c \cos(\omega_c + \Omega)t$

或

$$u_o(t) = \frac{1}{2} K U_\Omega U_c \cos(\omega_c - \Omega)t$$

设计方案可依据公式进行。

三、报告要求

(1) 对实验数据及图形进行整理，进行相应的计算。

(2) 对数据进行分析，得出结论，并从理论上进行分析。

题目九　峰值包络检波器

峰值包络检波适用于普通调幅信号的解调，它属于大信号检波，一般要求输入信号在 0.5V 以上。

一、设计任务和具体要求

1. 设计任务

设计一峰值包络检波器。

2. 具体要求

(1) 调幅信号为调制频率 1kHz，载频 1MHz，载波振幅为 1V，调制系数为 50%。完

成包络检波工作。

(2) 研究检波电路参数对检波特性的影响，观察惰性失真以及负峰切割失真现象。

二、设计方案提示

1. 工作原理

图 4-9-1 中所示电路是峰值包络检波的原理电路。电路在最初时，电容 C 上的电压为零。检波器输入调幅信号 u_i，在信号的正半周，二极管 VD 导通，对电容 C 充电。由于二极管的正向电阻很小，使得 C 可以很快地被充电到接近于输入信号的峰值。电容上的电压（即输出电压 u_o）建立起来之后，二极管是否导通将由电容电压与输入信号电压共同决定。只有在输入的调幅信号的峰值附近，才能满足 $u_i > u_o$ 的条件，使 VD 导通，C 充电，而在其他的时间里，二极管 VD 处于截止状态，C 通过电阻 R 放电。由于放电时间常数 RC 远大于输入信号的周期，因此使电容端电压下降的不多。在输入调幅信号下一周期来到时，再次满足 $u_i > u_o$ 的条件，使得二极管导通，电容 C 充电。如此不断循环重复下去，使电容两端的电压重现了输入调幅波包络的形状，即完成了峰值包络检波。适当地选择 RC 常数，使 $RC \gg T$（输入信号周期），可提高输出电压的低频分量（调制信号包络）、抑制高频分量（载波信号），使输出电压波形光滑，更好地恢复调制信号的包络波形。

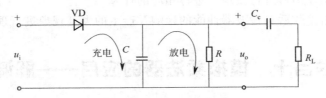

图 4-9-1 峰值包络检波原理图

2. 检波失真

(1) 对角切割失真 为了提高检波效率和滤波效果，RC 值常选取得较大。但 RC 时间常数太大时，放电太慢，使输出电压在输入信号包络下降的区段内跟不上包络的变化，造成在这一段时间内，二极管始终截止，输出仍为 RC 放电波形而与输入无关。只有当输入信号振幅重新超过输出电压时，输出才恢复正常。由此产生的失真叫做对角切割失真，又称为惰性失真。失真波形如图 4-9-2(a)所示。

不产生对角切割失真的条件为

$$RC \leq \frac{\sqrt{1-m_a^2}}{m_a \Omega}$$

式中，m_a 为调幅系数；Ω 为调制频率。

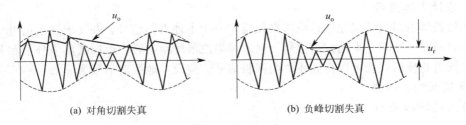

(a) 对角切割失真　　　　　　(b) 负峰切割失真

图 4-9-2 失真波形

(2) 负峰切割失真 检波器输出常用隔直电容 C_c 与下面一级耦合，如图 4-9-1 所示，

图中 R_L 为下级负载。为了有效地传送低频信号，要求 $\frac{1}{\omega C_c} \ll R_L$。在检波过程中，电容 C_c 两端的直流电压近似等于输入载波振幅，由于 C_c 容量较大，在低频一周内电压基本不变，这个电压通过电阻 R 和 R_L 的分压，会在 R 上建立分压 u_r，对于二极管来说，u_r 是反向偏压，它有可能阻止二极管的导通。当调制系数较小时，它不影响二极管的检波作用；当调制系数较大时，在调制信号包络线的负半周内，输入信号幅值可能小于 u_r，造成二极管截止，在此时间内，输出信号不能跟随输入信号包络变化，出现了底部切割现象，直到输入信号振幅大于 u_r 时，才恢复正常，这种失真叫做负峰切割失真。失真波形如图 4-9-2（b）所示。

避免负峰切割失真的条件是调幅波的最小幅度 $U(1-m_a)$ 必须满足

$$U(1-m_a) > \frac{R}{R+R_L} U$$

即

$$m_a < \frac{R//R_L}{R}$$

三、报告要求

（1）对实验数据及图形进行整理，进行相应的计算。
（2）对改变电路参数后对检波器性能的影响及产生的失真现象进行理论分析。

题目十　模拟乘法器的应用——解调

把装载到高频载波上的调制信号取出来的过程称为解调。解调的方式可分为检波、鉴频、鉴相，分别对应于调制的调幅、调频、调相。本节只介绍检波电路。前面实验中的峰值包络检波就是检波一种的方式，但它只适用于普通调幅波的解调，而不能解调抑制载波的双边带和单边带调幅波，要解调这两种信号，必须采用乘积检波方法。

一、设计任务和具体要求

1. 设计任务

设计电路完成普通调幅波、双边带调幅波的解调。

2. 具体要求

（1）输入调幅波信号，载频 500kHz，幅度 100mV（有效值），调制信号频率 1 kHz，调制系数 40%。
（2）掌握普通调幅波与抑制载波的双边带调幅波的不同及各自的特点。

二、设计方案提示

乘积检波器的最大特点是在接收端必须提供一个本地振荡信号，并要求这个信号与发送端的载波信号同频、同相。本地振荡信号与输入调幅波信号相乘后产生调制信号分量和其他谐波分量，经低通滤波后，就可以得到还原的调制信号。假设本地振荡信号为 $u_c(t) = U_c \cos\omega_c t$。

1. 普通调幅波解调

设输入的调幅波为

$$u_i(t) = U(1 + m_a \cos\Omega t)\cos\omega_c t$$

则模拟乘法器的输出为

$$u_o(t) = K u_i(t) u_c(t) = K U U_c (1 + m_a \cos\Omega t)\cos^2\omega_c t$$

$$= \frac{1}{2}KUU_c + \frac{1}{2}KUU_c m_a \cos\Omega t + \frac{1}{2}KUU_c \cos^2\omega_c t + \frac{1}{4}\cdots$$

上式中的第一项为直流项，可通过隔直电容滤除，第二项后面的高次项可通过低通滤波器滤除，则最后可输出调制信号

$$u_\Omega(t) = \frac{1}{2}KUU_c m_a \cos\Omega t$$

2. 双边带调幅波解调

若要解调的双边带调幅信号为 $u_i(t) = U\cos\Omega t\cos\omega_c t$，则模拟乘法器的输出为

$$u_o(t) = Ku_i(t)u_c(t) = KUU_c \cos\Omega t\cos^2\omega_c t$$

$$= \frac{1}{2}KUU_c \cos\Omega t + \frac{1}{2}KUU_c \cos\Omega t\cos 2\omega_c t$$

式中，第一项包含原调制信号的信息；第二项为高频分量，滤除即可。

3. 单边带调幅波解调

若要解调的双边带调幅信号为 $u_i(t) = U\cos(\omega_c + \Omega)t$，则模拟乘法器的输出为

$$u_o(t) = Ku_i(t)u_c(t) = KUU_c \cos(\omega_c + \Omega)t\cos\omega_c t$$

$$= \frac{1}{2}KUU_c \cos\Omega t + \frac{1}{2}KUU_c \cos(2\omega_c + \Omega)t$$

式中，第一项包含原调制信号的信息；第二项为高频分量，滤除即可。

三、报告要求

(1) 对实验数据及图形进行整理，进行相应的计算。
(2) 对计算结果进行分析，得出结论。并从理论上进行分析。

题目十一　函数发生器设计

函数发生器一般是指能自动产生正弦波、方波、三角波的电压波形的电路或者仪器。电路形式可以采用由运放及分离元件构成；也可以采用单片集成函数发生器。根据用途不同，有产生三种或多种波形的函数发生器。函数信号发生器在电路实验和设备检测中具有十分广泛的用途。

一、设计任务和具体要求

1. 设计任务

设计一个能自动产生方波、三角波、正弦波的电路。

2. 具体要求

(1) 频率范围：1~10Hz，10~100Hz；
(2) 输出电压：方波 $V_{p-p} \leq 24V$，三角波 $V_{p-p} = 8V$，正弦波 $V_{p-p} > 1V$。

二、设计方案提示

分立元件产生正弦波、方波、三角波的方案有多种，如首先产生正弦波，然后通过电压比较器将正弦波变成方波，再由积分电路将方波变成三角波；也可以首先产生方波-三角波，再将三角波变成正弦波或将方波变成正弦波等。正弦波-方波-三角波电路学员可以自行设计，下面介绍先产生方波-三角波，再将三角波变换成正弦波的电路设计方法。

1. 方波-三角波产生电路

图 4-11-1 是常用的方波-三角波产生电路。

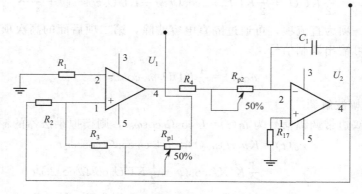

图 4-11-1 方波-三角波产生电路

三角波的幅度为 $V_{o2}=\dfrac{R_2}{R_3+R_{p1}}V_{CC}$，方波-三角波的周期为 $T=\dfrac{4R_2(R_4+R_{p2})C_1}{R_3+R_{p1}}$

由以上两式可以得到以下结论。

(1) 电位器 R_{p2} 在调整方波-三角波的输出频率时，不会影响输出波形的幅度。若要求输出频率的范围较宽，可用 C_1 改变频率的范围进行粗调，R_{p2} 实现频率微调。

(2) 方波的输出幅度应等于电源电压 $+V_{CC}$。三角波的输出幅度应不超过电源电压 $+V_{CC}$。电位器 R_{p1} 可实现幅度微调，但会影响方波-三角波的频率。

2. 三角波-正弦波变换电路

(1) 滤波法。

在三角波电压为固定频率或频率变化范围很小的情况下，可以采用低通滤波法（或带通滤波法）的方法将三角波（或方波）变换为正弦波。

将三角波按傅里叶级数展开

$$u_i(t)=\frac{8}{\pi^2}U\left(\sin\omega t-\frac{1}{9}\sin3\omega t+\frac{1}{25}\sin5\omega t-\cdots\right)$$

式中，U 是三角波的幅值。根据上式可知，低通滤波器的通带截止频率应大于三角波的基波频率且小于三角波的三次谐波频率。如果三角波的最高截止频率超过其最低频率的三倍，就要考虑采用折线法来实现变换了。

(2) 折线法。比较三角波和正弦波的波形，可以发现，在正弦波从零逐渐增大到峰值的过程中，与三角波的差别越来越大；即零附近的差别最小，峰值附近的差别最大。因此，根据正弦波与三角波的差别，将三角波分成若干段，按不同的比例衰减，就可以得到近似于正弦波的折线化波形。

根据上述思路，应采用比例系数可以自动调节的运算电路。利用二极管和电阻构成的反馈通路，可以随着输入电压的数值不同而改变电路的比例系数。

为了使输出电压波形更接近于正弦波，应当将三角波的 1/4 区域分成更多的线段，尤其是在三角波和正弦波差别明显的部分，然后再按正弦波的规律控制比例系数，逐段衰减。

折线法的优点是不受输入电压频率范围的限制，便于集成化，缺点是反馈网络中的电阻匹配比较困难。

(3) 利用差分放大器。差分放大器具有工作点稳定，输入阻抗高，抗干扰能力较强等优点。特别是作为直流放大器，可以有效地抑制零点漂移，因此可将频率很低的三角波变换成正弦波。波形变换的原理是利用差分放大器传输特性曲线的非线性。分析表明，传输特性曲

线的表达式为

$$i_{C1} = ai_{E1} = \frac{aI_0}{1 + e^{-u_{id}/U_T}}$$

$$i_{C2} = ai_{E2} = \frac{aI_0}{1 + e^{u_{id}/U_T}}$$

式中，$a = I_C/I_E \approx 1$；I_0 为差分放大器的恒定电流；U_T 为温度的电压当量，当室温为 25℃时，$U_T \approx 26\text{mV}$。

如果 u_{id} 为三角波，设表达式为

$$u_{id} = \begin{cases} \dfrac{4U}{T}\left(t - \dfrac{T}{4}\right), & 0 \leqslant t \leqslant \dfrac{T}{2} \\ -\dfrac{4U}{T}\left(t - \dfrac{3T}{4}\right), & \dfrac{T}{2} \leqslant t \leqslant T \end{cases}$$

式中，U 表示三角波的幅度；T 表示三角波的周期。

将三角波的表达式代入差分放大器传输特性曲线的表达式，则

$$i_{C1}(t) = \begin{cases} \dfrac{aI_0}{1 + e^{\frac{-4U}{U_T T}\left(t - \frac{T}{4}\right)}}, & 0 \leqslant t \leqslant \dfrac{T}{2} \\ \dfrac{aI_0}{1 + e^{\frac{4U}{U_T T}\left(t - \frac{3T}{4}\right)}}, & \dfrac{T}{2} \leqslant t \leqslant T \end{cases}$$

利用计算机对上式进行计算，打印输出的曲线近似于正弦波，则差分放大器的单端输出电压亦近似于正弦波，从而实现了三角波-正弦波的变换，波形变换过程如图 4-11-2 所示。为使输出波形更接近正弦波，由图可见：

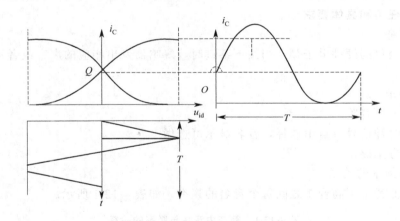

图 4-11-2 三角波-正弦波变换

① 传输特性曲线越对称，线性区越窄越好；
② 三角波的幅度 U 应正好使晶体管接近饱和区或截止区。

图 4-11-3 为实现三角波-正弦波变换的电路。其中 R_{P1} 调节三角波的幅度，R_{P2} 调整电路的对称性，其并联电阻 R_{E2} 用来减小差分放大器的线性区。电容 C_1，C_2，C_3 为隔直电容，C_4 为滤波电容，以滤除谐波分量，改善输出波形。

三、报告要求

（1）对实验数据及图形进行整理，进行相应的计算。
（2）对计算结果进行分析，得出结论。并从理论上进行分析。

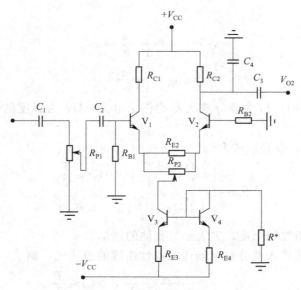

图 4-11-3 三角波-正弦波变换电路

题目十二 硬件电子琴电路设计

电子琴能模仿很多乐器的声音，小型的音乐电路在玩具以及礼品中应用非常广泛。

一、设计任务和具体要求

1. 设计任务

设计一个简单的硬件电子琴，当按下某键时，蜂鸣器发出相应的声音或者示波器显示相应频率的信号。

2. 具体要求

（1）至少 8 个音阶。

（2）外部时钟信号可自由选择，音名显示可选做。

二、设计方案提示

1. 音名与频率的关系

简谱中从低音 1 至高音 1 之间每个音名的频率，如表 4-12-1 所示。

表 4-12-1 简谱中音名与频率的关系

音名	频率/Hz	音名	频率/Hz	音名	频率/Hz
低音 1	261.63	中音 1	523.25	高音 1	1046.50
低音 2	293.67	中音 2	587.33	高音 2	1174.66
低音 3	329.63	中音 3	659.25	高音 3	1318.51
低音 4	349.23	中音 4	698.46	高音 4	1396.92
低音 5	391.99	中音 5	783.99	高音 5	1567.98
低音 6	440	中音 6	880	高音 6	1760
低音 7	493.88	中音 7	987.76	高音 7	1975.52

由于音阶频率多为非整数,而分频系数又不能为小数,故必须将计算得到的分频数四舍五入取整。若基准频率过低,则由于分频系数过小,四舍五入取整后的误差较大。若基准频率过高,虽然误差变小,但分频结构将变大。实际的设计应综合考虑两方面的因素,在尽量减小频率误差的前提下取合适的基准频率。

2. 工作原理

工作原理框图如图 4-12-1 所示。

设计的主体是数控分频器,对输入的频率按照与每个音阶对应的分频系数进行分频,得到各个音阶对应的频率分别在蜂鸣器和数码管上以声音和数字的形式作为输出。

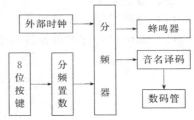

图 4-12-1　工作原理框图

在电路中需要将外部时钟进行分频,以得到所需要的脉冲。分频置数器的作用是对键盘按键输入的信号进行检测,并且产生相应的分频系数。音调发生器的主要部分是一个数控分频器,它由一个初值可预置的加法计数器构成,当它接收到一个分频信号时,便对输入的时钟信号进行分频,之后由蜂鸣器输出对应的声调。数码管的作用是将各个音阶对应的简谱通过数码管显示出来。

外部时钟在仿真软件中可以由时钟源产生,8 位按键信号可以由字信号发生器产生。

三、报告要求

(1) 用电路原理图详细叙述你的设计思路。

(2) 记录仿真波形图。

题目十三　秒表电路设计

电子秒表广泛应用于对时间精度要求比较高的场合。

一、设计任务和具体要求

1. 设计任务

设计一秒表电路。

2. 具体要求

(1) 精确度为 0.01s。

(2) 秒表显示数字范围为:00 分 00 秒 00~59 分 59 秒 99。

(3) 能实现自动计数、进位和显示功能,手动清零功能,暂停功能,整点报时功能。

二、设计方案提示

秒表的逻辑结构主要由按键、时钟信号、六进制计数器、十进制计数器、显示译码器、数码管和蜂鸣器组成。

秒表共有 6 个输出显示,分别为百分之一秒、十分之一秒、秒、十秒、分、十分,所以共有 6 个计数器与之相对应,4 个十进制计数器用来分别对百分之一秒、十分之一秒、秒和分进行计数,2 个六进制计数器用来分别对十秒和十分进行计数,实现计数功能;百分之一秒计数器的进位端连接到十分之一秒计数器的工作状态控制端,以此类推实现进位功能;6 个计数器的输出连接到显示译码器,然后通过数码管实现计数结果显示功能;十分计数器的进位端连接到蜂鸣器实现整点报时功能;另外,还需要用时钟源产生一个

100Hz的计时脉冲作为所有计数器的时钟信号，两个按键分别是清零和暂停，清零键接到所有计数器的清零端实现清零功能，暂停键接到百分之一秒的计数器的工作状态控制端实现暂停功能。

三、报告要求
（1）分析系统工作过程。
（2）总结设计方案以及进行系统调试和故障排除的体会。

第五章 测量的基本知识及常用的仪器仪表

第一节 测量的基本知识

一、测量数据的正确处理

1. 有效数字

有效数字是指用量仪和量器直接读出的确切数字和最后一位有疑数字。实验测量结果的数字位数应由以下原则来确定。

（1）按测量的准确度来确定有效数字的位数，与误差大小相对应。再根据数据舍入规则将有效位以后的数字舍去。

（2）数据舍入规则是："小于 5 舍，大于 5 入，等于 5 时采用偶数法则"。所谓偶数法则就是：舍去位是 5 时，前位是奇数就加 1，是偶数就不变。

2. 曲线修匀

在实验报告中经常遇到用各种曲线来描述某种规律。怎样才能将大量包含误差的数据，绘制成一条尽量符合实际规律的光滑曲线呢？下面介绍曲线修匀的一种常用方法——分组平均法。这种方法是：将数据平均分成若干组，每组包括 2~4 个点（各组数据可以不等），然后分别估取各组几何重心，再将重心连起来。由于进行了数据平均，在一定程度上减少了随机误差，因此得出的曲线较为符合实际情况。

以图 5-1-1 曲线为例，1、2 为一组求出 a；3、4 为一组求出 b；5、6、7 为一组求出 c；8、9 为一组求出 d；a、b、c、d 连起来即为所求的曲线。

其中应注意。

（1）每组所取的数据最好分布在预想的曲线两侧。每组由 2~4 个数据点组成。

（2）在曲率变化大的地方要分得细一些，曲线较平缓的部分可以粗一些。这一点在测量数据时就应注意到。

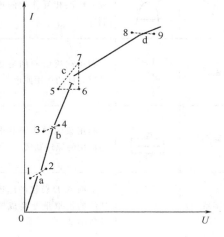

图 5-1-1 曲线修匀示意图

（3）坐标的比例、分度都要仔细。比例合适与否决定于曲线示意变化规律的清晰程度，分度的粗细决定了曲线的精确程度。原点不必一定从 0 点开始，可以节省幅面。

为了减少实验的误差，从方案的选择、仪表的选用到数据的处理，都不可掉以轻心，需全面地、综合地、仔细地规划。

二、测量方法与电工指示仪表的分类

电工测量和其他测量一般包括测量对象、测量方法、测量设备三个方面。

1. 测量方法

测量方法一般分为直接测量法和间接测量法两类。测量结果可由测量仪表（或仪器）直接读出的是直接测量法；而先要测量几个与被测量有一定函数关系的量，然后再根据它们之间的关系通过计算求出被测量的方法是间接测量法。

2. 电工指示仪表

测量各种电量、磁量的仪器仪表统称为电工仪表。在种类繁多的电工仪表中，应用最广、数量最大的要算指示式仪表。所谓指示仪表，就是指将被测电量换成仪表指针的机械角位移的一种电-机转换模拟式仪表。通常用于测量电流、测量电压、测量功率等常见的仪表均属于这类电工指示仪表。

电工指示仪表按工作原理分为磁电系、电磁系、电动系、感应系、静电系、整流系等。

按被测电量的名称（或单位）分，有电流表（安培表、毫安表和微安表）、电压表（伏特表、毫伏表）、功率表、电位表、相位表、频率表以及多种用途的仪表如万用表等。

按被测量电流分为直流仪表、交流仪表、交直流两用仪表。

下面将常用的磁电系、电磁系、电动系仪表做一比较，以方便使用。如表 5-1-1 所示。

表 5-1-1

仪表种类	符号	工作原理	使用特点	注意事项
磁电系		利用永久磁铁的磁场和载流线圈相互作用的原理制成	准确度高,灵敏度高,内耗功率少,刻度均匀,结构复杂,价格昂贵	过载能力差,只能用于直流测量
电磁系		利用载流线圈的磁场对铁磁元件的作用原理制成	一般用于工频交流测量,准确度低,灵敏度低,刻度不均匀,过载能力强,结构简单,价格低廉	容易受外界磁场干扰,应远离较强磁场
电动系		利用载流导线间有电动力作用的原理制成	一般用于工频,交直流两用,准确度高,灵敏度不高,刻度近于均匀,容易受外界磁场干扰,过载能力差	容易受外界磁场干扰,应远离较强磁场
数字系	—	采用 A/D 转换的原理将连续的模拟量变换成断续的数字量	准确度高,数字显示,测量速度快,输入阻抗高	价格昂贵,测量交流信号时,频率范围易受限制

三、模拟电路和数字电路实验中的测量常识

（一）静态工作点的正确测量

由于数字万用表直流电压挡测量的是电压平均值，如果在静态直流电压值之上，叠加一个平均值为零的交流电压分量，则对测量静态直流电压值无影响。如果交流电压分量平均值不为零，则对测量静态直流电压值有影响。因此，在测量静态直流电压时，应先拆除信号源，再将输入端短路，使 $U_i = 0$。对于放大倍数不高的阻容耦合放大电路，也可将信号源开

路，然后用数字万用表的直流电压挡进行测量。在测量静态工作点时，U_{CE}是比较重要的指标。由于晶体管的 β 值随 Q 点而变，因此一般不是按计算出来的 R_b 值调整 Q 点，而是调节 R_b 值使 U_{CE} 达到给定值。

（二）交流电压量的正确测量

（1）测量交流电压首先要注意仪器的共地。这里所说的"地"是指仪器或线路的公共端。当两个或多个电子仪器是通过交流电源（例 220V）供电时，为防止干扰，需要将这些仪器各自的公共端与放大电路的公共端连接在一起即"共地"，并且各仪器的外壳避免相互接触。

因此，在测交流电压时，一般应用测量各点电位的方法，而不是直接测量电压。如测量图 5-1-2 中 R_1 两端的电压 U_{ab}，可分别测量 V_a 和 V_b，然后通过计算 $U_{ab}=V_a-V_b$ 得到。

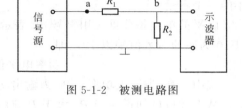

图 5-1-2 被测电路图

（2）测量交流电压时，一定要在放大电路正常工作时进行，并注意用示波器监视输出波形，应在波形不失真且无干扰、振荡的情况下测量。如有干扰或自激振荡现象，应设法消除。

（3）信号输入线使用屏蔽线，以屏蔽空间干扰信号，电源变压器尽量远离放大电路的输入级。

（4）合理安排仪器的位置，使放大电路的输入线、输出线、交流电源线、信号测试线之间避免耦合，输出线不要靠近输入线。接线应尽量短。例如使用晶体管毫伏表测量输入信号时，不要把它放到输出端一侧。

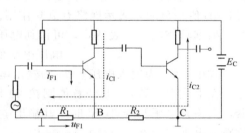

图 5-1-3 接地点不正确引起干扰

（5）尽量减小接地线电阻，为此就应缩短地线长度。地线应粗而直，同时合理选择接地点。如图 5-1-3 中接地点选在后级的 C 点，i_{C2} 不经过 R_1、R_2，也就不会在前级引起较强的寄生反馈。可将每一级要接地线的元件都集中在一点焊接到地。在可能的情况下，地线最好接在同一点上。注意实验线路的接地良好，防止虚焊。

（三）用数字万用表检查晶体管

1. 用数字万用表判断二极管的极性

根据二极管单向导电特性，在数字万用表电阻挡量程 200 或 2k 处分别用红表笔与黑表笔碰触二极管的两个电极，表笔经过两次对二极管的交换测量，若测量的结果电阻有明显的差异，则可认定被测的二极管是好的。测量结果呈低电阻时红表笔所接电极为二极管的正极，另一端为负极。因数字万用表的电池正极接红表笔，而电池负极接黑表笔。所以红表笔带正电压，黑表笔带负电压。

2. 用数字万用表判断三极管的电极

以 NPN 型晶体三极管为例，首先判断晶体三极管基极，用红表笔接某一个电极，黑表笔分别碰触另外两个电极，若测量结果阻值都较小，经过表笔交换测量后若测量结果阻值都较大，则可断定第一次测量中红表笔所接电极为基极，反之若测量结果阻值一大一小相差很大，则证明第一次测量中红表笔接的不是基极，应更换其他电极重测。判断晶体三极管发射极和集电极，确定三极管基极后，再测量 e、c 极间的电阻，然后交换表笔重测一次，两次测量的结果应不相等，其中电阻值较小的一次为正常接法。正常接法对于 NPN 型晶体三极

117

管，红表笔接的是 c 极，黑表笔接的是 e 极，对于 PNP 型晶体三极管，黑表笔接的是 c 极，而红表笔接的是 e 极。

（四）电路实验中的常识

1. 电平和分贝

晶体管毫伏表有分贝刻度，以便供测量时使用。以下简要介绍电平和分贝。

电信号的功率或电压经过电网络后，在网络输出端呈现的功率值或电压值总会有变化。人们通常不仅需要知道输出功率或电压的绝对值，而且还要计算出输出功率或电压与某一输入功率或电压的比值是多少，这个比值是个相对值（电平就是用来表示功率或电压相对值大小的一个参量）。

电平的单位是分贝，用符号 dB 表示，功率的分贝数规定为输出功率与输入功率之比的以 10 为底的对数值乘以 10，即

$$功率电平值 = 10 \lg P_2/P_1 \text{ (dB)}$$

式中，P_1 为输入功率；P_2 为输出功率。

从上式可以知道，当 P_2 大于 P_1 时 dB 值是正的，表示网络有放大作用，当 P_2 小于 P_1 时，dB 值是负的，表示网络有衰减作用。

根据功率电平的表达式，可得到电压电平的表达式：

$$电压电平值 = 20 \lg U_2/U_1 \text{ (dB)}$$

式中，U_1 为输入电压；U_2 为输出电压。

在上式中，若 U_1 是任意值则按 $20 \lg U_2/U_1$ 计算出的电平是相对电平。例如有一放大器，当输入电压 $U_1 = 1\text{mV}$ 时，其输出电压 $U_2 = 2\text{V}$，用相对电平制表示的该放大器的放大倍数的电平值为 $20 \lg 2/10^{-3} = 66\text{dB}$。

用分贝数表示电路的放大或衰减作用有两个优点：一是符合人的感觉器官的感受规律，因人听觉声感强弱的变比，正比于音频信号功率的对数值。二是给运算带来方便，用对数运算可使乘法转换成加法。例如计算多级放大器的放大倍数时，用分贝表示后，各级放大倍数的相乘就转变为各级分贝数相加。

如果在电压电平的表达式中，取 U_1 为 0.775V（正弦有效值）作为基准电压，则电压电平的表示式为

$$20 \lg U_2/0.775$$

当 $U_2 = 0.775\text{V}$ 时，则有 $20 \lg U_2/0.775 = 0 \text{ (dB)}$，故 0.775V 又称为零电平电压值，0.775V 正好是 600Ω 电阻上产生 1mW 功率时，电阻两端的电压值。按 $20 \lg U_2/0.775$ 计算出的电平是绝对电平。这个方法与人们为了比较高度而选择海平面作为参考基准的方法有类似之处。

晶体管毫伏表可测量绝对电平（即相对于 0.775V 零电平而言），晶体管毫伏表第三条刻度线是分贝刻度。测量电平时，被测点的实际绝对电平分贝数为表头指示的分贝数与量程选择开关所示的绝对电平数的代数和。例如量程选择开关置于 10V（+20dB）挡，指针指在 −2dB 处，则实际绝对电平值 = (+20dB) + (−2dB) = 18dB。

2. 峰峰值、幅度值和有效值

在实际测量中，用数字万用表、晶体管毫伏表、交流数字毫伏表测量交流信号时，显示的均为有效值。而示波器显示出的是正弦波的峰峰值或幅值，为了便于换算，特将它们的换算关系介绍如下：

峰峰值 V_{P-P} 为正弦波波峰加波谷幅度的值，一个波峰或波谷的值为幅度值 U_m，有效值

表示为U。用公式表示三者间的关系为：$V_{P-P}=2U_m=2\sqrt{2}U$。

3. 探头

探头是一个范围很宽的衰减器。使用示波器进行测量时，示波器的输入阻抗就是被测电路的负载，示波器的输入电容将对被测信号有较大影响，利用探头提高输入阻抗，可以减小对被测电路的影响。为了使测量获得良好的效果，可以调节微调电容使探头中的元件与示波器输入电阻电容获得最佳频率补偿。因此，若需要使用探头测试，用前应作校准。以COS5020型示波器为例，其方法是把被校准的探头接到CH_1或CH_2的输入端，并将VOLTS/div开关调到10mV挡，把探头针接触到校准电压输出端再用一个无感改锥调节补偿器。图5-1-4表示上述的操作简图。至于探头校准好坏的识别，应以获得如图5-1-5所示的理想波形为标准，即理想（左图）——补偿量适度，过补（中图）——补偿量过大，欠补（右图）——补偿量太小。若校准中出现后两种现象则判断为补偿不良，需要重新调节补偿器（电容器）的补偿量大小，直到出现理想波形为止。此外，在测量中，尤其是高频测试时，切忌用补偿不良的无源探头作测试，否则将会导致示波器显示的波形严重失真，这是由于探头的输入阻抗与被测电路连接失配造成的。

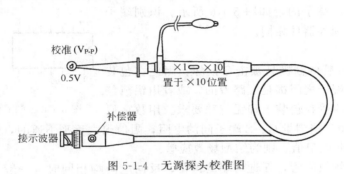

图5-1-4　无源探头校准图

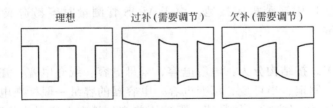

图5-1-5　探头补偿的三种波形

4. 接地与共地连接的常识

电路系统中所说的接地，其意思是使电路或电子设备与地球的电位相同。接地一般有两个目的：一是确定基准电位；二是保护操作人员免于触电。

在电路图中或在仪器面板上的接线柱下面常有"⊥"这种符号，这就是接地的符号。这个点被选为各点电位的公共参考点，规定该点电位为零。通常电子仪器的金属外壳都是和接地点相连接的。这样接既能使外界的电磁场不致影响仪器内部电路的正常工作，又能使仪器内部的电磁场不影响外部其他电路的正常工作，故外壳与接地点相连接起了良好的屏蔽作用。

电路图中的接地点，有时并不与大地连接，收音机、对讲机等就是例子，只是习惯上把其电路中的公共参考点叫做接地点。有些情况下电子设备的接地点根本就不能连接地球，如飞机、人造卫星上的电子设备就属这种情况。此种情况下是以机身的电位作为基准电位，如机载电子设备的接地端子连接着机身。

对于在地球上使用的一些要求高的电子设备及电力设备的接地端则需要真正与大地相连接（如复杂的计算机控制系统、电力系统中的发电机和变压器等），并标有"⏚"，确认大地的电位为零电位。这样做能有效地防止外界杂波的干扰，也能防止内部电路与机壳间的绝缘失效时，机壳上出现电压引起触电事故。通常家用电冰箱、洗衣机等也设置有这样的接地端子供接大地用。可靠的接地后将起到安全保护作用。

在有若干台电子仪器连接成的电路系统中，特别是高频电路中，为了使弱电信号不致受到外部电磁场的干扰，应把各仪器的接地点连在一起，作为零电位点，这称为共地连接。在调试高频电路时，若公共接地点接不好，就会出现异常现象，使测量误差增大，或根本不能进行测试。

四、元器件的识别及使用中应注意的问题

（一）元器件的识别

1. 集成电路

双列直插式集成电路端子图一般是顶视图，集成电路上有缺口或小孔标记，它是用来表示端子 1 位置及最后端子的，如图 5-1-6 所示。识别端子的方法国产器件和国外器件相同。

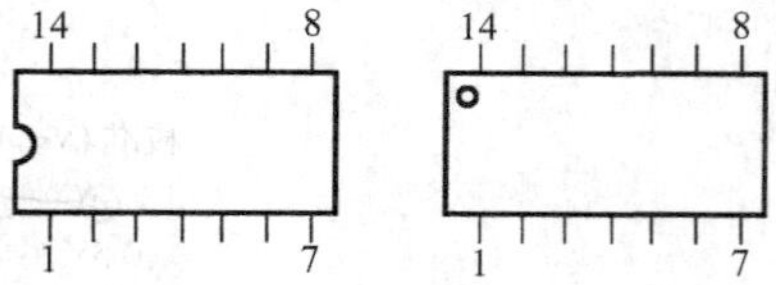

2. 场效应管

（1）由于 MOS 管的栅极易被击穿损坏，因此在包装上比较讲究，一般端子之间都是短路着的，或者用铝箔包裹着，而结型场效应管在包装上却无特殊要求。用数字万用表"2k"或"200"挡测量 G、S 端子间的电阻，阻值很大近乎不通的，则为 MOS 管，若为 PN 结的正、反向电阻值，则为结型场效应管。

图 5-1-6 TTL 芯片端子识别图

（2）对于结型场效应管，任选两端测得正、反向电阻均相同时（一般为几十千欧），该两端分别为 D、S，剩下的一个是 G 极。对于四端结型场效应管，一个与其他三端都不通的端子为屏蔽极，在使用中屏蔽极应接地。由于 MOS 管测量时容易造成损坏，最好查明型号，根据手册辨别端子。

3. 电容器

电容器种类很多，按结构分为：电解电容、云母电容、纸介电容、瓷介电容等，按其电容量是否可调分为：固定、半可变、可变电容。电容器的容量一般标在电容器上面（如电解电容器），通常不需要测量它的具体数值，但使用前应先检查电容引线是否开路或内部短路。有极性的电解电容器通常是在电容外壳上标有正（＋）极性或负（－）极性，加在电容器两端的电压不能反向，若反向电压作用在电容上，原来在正极金属箔上的氧化物（介质）会被电解，并在负极金属箔上形成氧化物，在这个过程中将出现很大的电流，使得电解液中产生气体并聚集在电容器内，轻者导致电容器损坏，重者甚至会引起爆炸。

（二）使用 TTL 电路和 CMOS 电路应注意的问题

（1）TTL 电路的电源均采用＋5V，因此电源电压不能高于＋5V。使用时不能将电源与地颠倒错接，否则将会因为过大电流而造成器件损坏。

（2）电路的各输入端不能直接与高于＋5.5V 和低于－0.5V 的低内阻电源连接，因为低内阻电源能提供较大电流，会由于过热而烧坏器件。

（3）输出不允许与电源或地短路，否则可能造成器件损坏，但可以通过电阻与电源相连，提高输出高电平。

(4) 多余的输入端最好不要悬空。虽然对于 TTL 电路来讲,悬空相当于高电平,并不影响与门的逻辑功能,但悬空容易接受干扰,有时会造成电路误动作,在时序电路中表现得更为明显。因此,多余输入端一般不采用悬空的办法,而要根据需要处理。例如与非门、与门的多余输入端可直接接到 V_{CC} 上;也可将不同的输入端通过一个公用电阻连接到 V_{CC} 上;或将多余的输入端与使用端并联。不用的或门和或非门输入端直接接地。对触发器来说,不使用的输入端不能悬空,应根据逻辑功能接入电平。输入端连线应尽量短,这样可以缩短时序电路中时钟信号沿传输线传输的延迟时间。

(5) CMOS 电路由于输入电阻很高,因此极易接受静电电荷。为了防止产生静电击穿,生产 CMOS 芯片时,在输入端都要加入标准保护电路,但这并不能保证绝对安全,因此使用 CMOS 电路时,必须采取以下预防措施:存放 CMOS 集成电路时要屏蔽,一般放在金属容器中,也可以用金属箔将引线端短路。测试 CMOS 电路时,如果信号电源和电路板用两组电源,则开机时应先接通电路板电源,后开信号电源。关机时则应先关信号电源,再关电路板电源。在 CMOS 电路本身没有接通电源之前,不允许有输入信号输入。多余端绝对不能悬空,否则不但容易接受外界干扰,而且输入电平不稳定,破坏了正常的逻辑关系,也消耗了不少的功率。

(三) 接插板的使用

常用的接插板有两种结构形式,如图 5-1-7 所示。

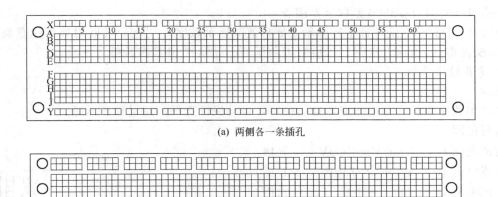

(a) 两侧各一条插孔

(b) 两侧各两条插孔

图 5-1-7 面包板结构

(1) 如图 5-1-7(a)所示的面包板上小孔孔心的距离与集成电路端子的间距相等。板中间槽的两边各有 65×5 个插孔,每 5 个一组,A、B、C、D、E 是相通的,也就是两边各有 65 组插孔。双列直插式集成电路的引线端分别可插在两边,如图 5-1-8 所示。每个端子相当于接出 4 个插孔,它们可以作为与其他元器件连接的输出端,接线方便。接插板最外边各有一条 11×5 的插孔,共 55 个插孔,每 5 个一组是相通的,各组之间是否完全相同,各个厂家生产的产品各不相同,要用万用表测量后方可使用。两边的这两条插孔一般可用作公共信号线、接地线和电源线。

（2）图 5-1-7(b) 的接插板和图 5-1-7(a) 不同，差异之处是两边各有两条 11×5 的插孔，这两条是相通的，用它们作为公共信号、地线和电源线时不必加短接线，使用起来比较方便。这种接插板的背面贴有一层泡沫塑料，目的是防静电，但插元件时容易把弹簧片插到泡沫塑料中去，造成接触不良。因此，在使用时一定要把接插板固定在硬板上。

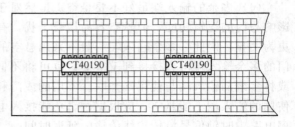

图 5-1-8 双列直插式集成电路插入接插板的方式

使用接插板做实验比用焊接方法方便，容易更换线路和器件，而且可以多次使用。在多次使用接插板后，弹簧片会变松，弹性变差，容易造成接触不良，而接触不良和虚焊同样不易查找。因此，多次使用的接插板，应从背面揭开，取出弹性差的弹簧片，进行修复再插入原来的位置，可以使弹性增强，增加接插板的可靠性和使用寿命。

第二节 常用仪器仪表

一、数字万用表

（一）DT9101/DT3900 型数字万用表

DT9101/DT3900 是一种手持袖珍大屏幕液晶显示数字万用表，可以用来测量直流电压/电流、交流电压/电流、电阻、二极管正向压降、晶体管 hFE 参数等。

1. 主要技术性能

显示

三位半数字显示，含小数点，自动校零，自动极性选择，超量程显示等。

量程范围

直流电压 DC　200mV～1000V　　　五挡

交流电压 AC　200mV～750V　　　 五挡

直流电流 DC　20μA～20A　　　　 六挡

交流电流 AC　20μA～20A　　　　 六挡

电阻 Ω　0～20MΩ　　　　　　　 六挡

"⊣▷⊢" 显示二极管正向压降

hFE 可测晶体管参数显示范围　0～1000β

"○)))" 电阻小于 30Ω 时机内蜂鸣器响。

取样时间　2～3 次/s。

电源　9V 电池一节。

2. 使用方法

DT9101/DT3900 型数字万用表面板图如图 5-2-1 所示。

（1）按下右上角 "ON～OFF" 键，将其置于 "ON" 位置。

（2）使用前根据被测量的种类、大小，将功能/量程开关置于适当的测量挡位。当不知道被测量 V、A、Ω 的范围时，应将功能/量程开关置于高量程挡，并逐步调低至合适。

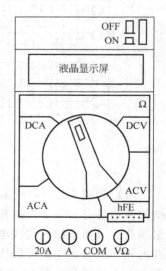

图 5-2-1　DT9101/DT3900 型数字万用表面板图

(3) 测试黑色表笔插入 COM 插孔，红色表笔则按被测量种类、大小分别插入各相应的插孔（V；Ω；二极管测量公用右下角"VΩ"插孔；I 在 2A 以下时插入 A 插孔，2～10A 之间将红表笔移至 20A 插孔）。

3. 注意事项

(1) 当只在高位显示"1"符号时，说明已超过量程，需调高挡位。

(2) 注意不要测量高于 1000V 的直流电压和高于 750V 的交流电压。20A 插孔没有保险丝，测量时间应小于 15s。

(3) 切勿误接功能开关，以免内外电路受损。

(4) 电池不足时，显示屏左上角显示"⌐+⌐"符号，此时应及时更换电池。

（二）DT990XC 型系列 $3\frac{1}{2}$ 位数字万用表

DT990XC 型系列 $3\frac{1}{2}$ 位数字万用表，是手持式大屏幕液晶显示数字测量仪表，可以在弱光条件下使用。可以用来测量直流电压/电流、交流电压/电流、电阻、电容、频率、温度、二极管正向压降、晶体管三极管参数及电路通断等。

1. 主要技术性能

显示

三位半数字显示，含小数点，自动校零，自动极性选择，超量程显示等。

量程范围

直流电压 DC　200mV～1000V　　五挡

交流电压 AC　200mV～750V　　五挡

直流电流 DC　20μA～20A　　七挡

交流电流 AC　20μA～20A　　七挡

电阻 Ω　0～200MΩ　　七挡

电容 C　0～20μF　　五挡

频率 FREQ　0～20MHz　　四挡

温度 TEMP（仅 9907C 有）　－40～1000℃　二挡

hFE　可测晶体管参数显示范围　0～1000β

"⤓"显示近似二极管正向压降

"○)))"导通电阻小于约 30Ω 时机内蜂鸣器响。

输出直流电压和方波

直流电压输出　约 1V；负载＞1MΩ。

方波信号输出　频率 40～70Hz，幅度约 3V，负载＞1MΩ。

具备全量程保护功能和自动关机功能（开机后约 15min 会自动切断电源）

电源　9V 电池一节。

2. 使用方法

DT990XC 型系列 $3\frac{1}{2}$ 位数字万用表面板图如图 5-2-2 所示。

按下电源开关（POWER），即可进行多种测量。电压、电流、电阻测量同 DT9101 系列。DT990XC 系列还可进行电容、温度、频率的测量。除此外，DT990XC 系列还可输出直流电压、方波信号等，若需进一步了解可阅读有关产品说明书。

3. 注意事项

DT990XC 型表使用的注意事项同 DT9101 型表，此处不再赘述。

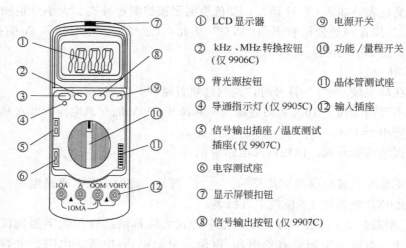

① LCD 显示器　　　　　⑨ 电源开关
② kHz、MHz 转换按钮　⑩ 功能/量程开关
　（仅 9906C）
③ 背光源按钮　　　　　⑪ 晶体管测试座
④ 导通指示灯（仅 9905C）⑫ 输入插座
⑤ 信号输出插座/温度测试
　插座（仅 9907C）
⑥ 电容测试座
⑦ 显示屏锁扣钮
⑧ 信号输出按钮（仅 9907C）

图 5-2-2　DT990XC 型系列数字万用表面板图

（三）DT992X 系列万用表

DT992X 系万用表除 DT990XC 型数字万用表具有的功能外，大电容量程挡由原来的 20μF 扩展至 200μF。并增加了电感（L）测量功能，测量范围 20mH～20H，分为四挡。测试插孔的各项功能根据各种型号具有不同的排列组合方式（详见使用说明书）。DT992X 系列万用表面板图如图 5-2-3 所示。

① LCD 显示器
② 背光源开关
③ 电源开关
④ 功能/量程开关
⑤⑥ 信号输出插孔（9921）
　　电容测试插孔（9922、9923、9927）
⑦ 三极管 hFE 测试插孔
⑧ 数据保持开关（仅 9923）
⑨ 表笔插孔

图 5-2-3　DT992X 系列万用表面板图

二、兆欧表

兆欧表是专门用来测量绝缘电阻的可携式仪表。其特点是只要摇动手柄，内部发电机即可输出 120～2000V 的电压，作测量电阻的电源电压之用。它呈现的绝缘电阻值能正确地反映在工作电压下的数值。

1. 结构原理

其结构原理如图 5-2-4 所示。其中包括手摇发电机，磁电系比率表和测量线路。

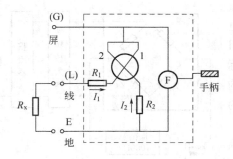
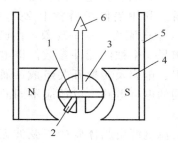

图 5-2-4　兆欧表结构原理图　　　　图 5-2-5　磁电系比率表结构示意图

1,2—动圈；3—带缺口的圆柱形铁芯；
4—极掌；5—永久磁铁；6—指针

磁电系比率表是一种特殊磁电式仪表。1、2 两个可动线圈交叉放置在永久磁铁形成的磁场中，如图 5-2-5 所示。两个线圈同时有电流流过时，在两个线圈上产生方向相反的转矩，表针就随着两个转矩的合成转矩而偏转一个角度。该偏转角决定于两个电流的比值，即

$$\alpha = F(I_1/I_2) \qquad (*)$$

正因为磁电系比率表的指针偏转角和 I_1/I_2 的比值成函数关系，故又称"比流计"。其优点是偏转角 α 与电源电压大小无关，手摇发电机的电压不稳定，不会影响 α 的值。

由图 5-2-5 可以看出被测电阻 R_x 接入后，I_1、I_2 分别为

$$I_1 = \frac{U}{r_1 + R_1 + R_x}; \quad I_2 = \frac{U}{r_2 + R_2}$$

式中，r_1、r_2 分别为 1、2 两个线圈的内阻。

将上式代入（*）式得

$$\alpha = F\left(\frac{r_2 + R_2}{r_1 + R_1 + R_x}\right) = \Psi(R_x)$$

显然，α 的值反映了 R_x 的大小。同时兆欧表的刻度是不均匀的，并和欧姆表一样刻度是反向的。

2. 兆欧表的使用方法及注意事项

（1）兆欧表电压过高在测试中可能会损坏设备的绝缘。兆欧表电压过低，又不能真实地反映设备绝缘的情况。使用时应按被测电气设备的额定电压来选择兆欧表电源电压的类型。如 500V 以下的设备，则应用 500V 或者 1000V 兆欧表。

（2）使用兆欧表前，应先检查一下兆欧表开路及短路情况是否正常。检查时发电机应达额定转速。开路时指针应指"∞"处；短路时指针应指零。平时指针可停任意位置。

（3）手摇发电机时，一开始应慢一些（以防有些设备绝缘层损坏时产生一大电流流过发电机而被损坏），逐渐增加到额定转速（约 120r/min）。

（4）使用时注意安全，不可随意将手搭在兆欧表的两个输出端上。另外，不可测量带电设备的绝缘性能。用兆欧表测量过的电容，还应注意放电。

三、QS18A 型万用电桥

QS18A 型万用电桥是一台携带方便，使用简单的音频交流电桥，用来测量电容、电感、电阻等元件。

1. 基本结构及原理

QS18A 型万用电桥的整体由三个基本环节组成：桥体、电源和晶体管指零仪。如图

5-2-6所示。桥体是电桥的核心环节，其原理同直流电桥。利用当四个桥臂上 $Z_1Z_2 = Z_3Z_4$ 时，电流计 G 中电流为零这一现象，由已知的三个复阻抗来求另一个被测元件参数。该电桥的桥体由标准电阻、电容及转换开关组成，通过转换开关构成不同的电桥电路，以适应不同的用途和量程的需要。

交流电源由晶体管的正弦波振荡器提供。频率为 1000Hz，输出电压为 1.5V 和 0.3V 两种。测量大于 10Ω 的电阻时，则用内附的 9V 直流电源。此外，还可以用外部电源。

晶体管指零仪就是一个晶体管检测放大器。主要由选频放大器、二极管整流器和检流计 G 组成。采用选频放大的目的是用来抑制外部杂散的干扰和本身的噪声，以提高测量准确度。

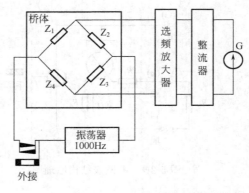

图 5-2-6　QS18A 型万用电桥结构示意图

2. 主要技术性能

该电桥的测量范围及误差见表 5-2-1。

表 5-2-1　QS18A 型万用电桥测量范围及误差表

被测量	测量范围	基本误差（按量程最大值计算）	损耗范围	使用电源
电容	1.0～110pF 100pF～110μF 100～1100μF	±(2%±0.5pF) ±(1%±Δ) ±(2%±Δ 供参考)	D 值 0～0.1　0～10	内部 1kHz
电感	1.0～11μH 10～110μH 100μH～1.1H 1～11H 10～110H	±(5%±0.5μH) ±(2%±Δ) ±(1%±Δ) ±(2±Δ) ±(5%±Δ)供参考	Q 值 0～10	内部 1kHz
电阻	10mΩ～1.1Ω 1Ω～1.1MΩ 1～11MΩ	±(5%±0.5mΩ) ±(1%±Δ) ±(5%±Δ)		10mΩ～10Ω 用内部 1MHz，大于 10Ω 时用内部 9V 电源

3. 使用方法

QS18A 型万用电桥面板图如图 5-2-7 所示。下面结合面板图来说明其使用方法。

(1) 将被测元件接至"被测"端钮 1，将拨动开关 3 拨向"kHz"的位置。如果使用外部电源，则将外部电源接至"外接"插孔 2，并把拨动开关拨向"外"的位置。

(2) 根据被测量的性质，将测量选择开关 12 旋至相应的挡位 C、L、R≤10 或 R>10。

(3) 估计被测参数的大小，然后将量程开关 4 旋至合适的位置。面板上的量程开关各挡的标示值是指电桥读数在满刻度的最大值。在选择挡位时，应使被测参数值小于标示值。

(4) 将损耗的倍率开关 5 旋至需要的位置：测空心电感线圈时，旋至 $Q×1$ 位置；测高 Q 值线圈或损耗较小的一般电容时，旋至 $D×0.01$ 位置；测铁心线圈或损耗较大的电解电容时，旋至 $D×1$ 位置。

(5) 调节灵敏度调节器 8，先使指示电表的读数小些，然后再根据电桥的平衡情况，逐步增大其灵敏度。

(6) 测电阻时，调节读数旋钮 9，使电桥逐步达到平衡。读数旋钮由两个读数盘组成，

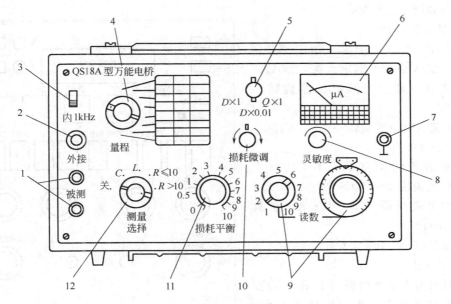

图 5-2-7 QS18A 型万用电桥面板图
1—被测端钮；2—外接插孔；3—拨动开关；4—量程开关；5—损耗倍率开关；6—指示电表；
7—接壳端钮；8—灵敏度调节；9—读数旋钮；10—损耗微调；11—损耗平衡；12—量程选择

第一位步进开关的步级是 0.1，也就是量程旋钮指示值的 1/10，第二位第三位读数是由连续可变电位器指示。当电桥平衡时，被测电阻即可由量程开关指示值和读数盘读数求得，即被测电阻 R_x＝量程开关指示值×"电桥"读数值。

例：量程开关放在 100Ω 位置，电桥的"读数"第一位是 0.9，第二位是 0.092，则 $R_x = 100 \times (0.9 + 0.092) = 99.2\Omega$。

（7）测量电感和电容时，除调节电桥的读数盘外，还要调节损耗盘 11。二者要反复调节，并在调节中，逐步提高指示电表的灵敏度，直至电桥平衡。被测参数可由下式求得

被测电感 L_x＝量程开关指示值×电桥"读值"
（或被测电容 C_x）
被测品质因数 Q_x＝损耗倍率指示值×损耗平衡盘示值
（或损耗因数 D_x）

电感的品质因数 $Q_x = \dfrac{\omega_x L_x}{R_x}$；电容的损耗因数 $D_x = \omega_x R_x C_x$。

例如：电桥平衡时，量程开关在 100mH 挡，第一位读数盘示值为 0.9，第二位读数示值盘为 0.098，损耗倍率开关在 $Q \times 1$ 挡，损耗平衡盘读数为 2.5，则

被测电感 $L_x = 100\text{mH} \times (0.9 + 0.098) = 99.8\text{mH}$
被测品质因数 $Q_x = 1 \times 2.5 = 2.5$

（8）损耗微调旋钮用来提高损耗平衡旋钮的调节细度，一般情况下置于"0"位置。
（9）测量完毕，应立即将测量选择开关旋至关的位置，以免缩短机内干电池的寿命。

四、直流电源

（一）DH1715-3 型双路稳压稳流电源

DH1715-3 型稳压稳流电源是具有双路输出的恒压恒流高精度电源，并有恒压（CV）与恒流（CC）自动转换功能，工作模式由面板上发光二极管指示（CV 绿、CC 红）。仪器

面板布置图如图 5-2-8 所示。

1. 主要工作特性

电源电压　220V±10%，50Hz±5%

功耗（220V AC）　额定负载≤200VA

输出电压（粗、细调电位器旋转一周）0～32V

输出电流（电位器旋转一周）　左路0～2A，右路0～1A

恒压输出负载调整率　$1\times10^{-5}+2$mV（负载电流由 0～100%）

恒流输出负载调整率　10mA（负载电阻由 0～100%）

工作温度范围　0～40℃

2. 使用方法

（1）开机前先检查面板上 L/R（本地/遥控）选择开关位置，平时应放在 L 位。输出端如不需接地，应将接线柱与接地短接片断开。

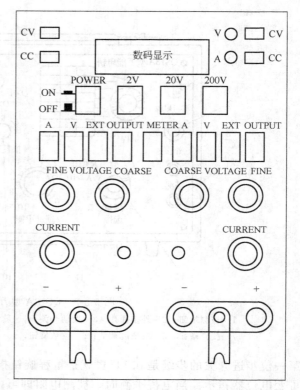

图 5-2-8　双路稳压稳流电源面板图

（2）稳压工作：接通电源开关，按下电压量程选择开关 200V 挡（以后可根据需要更换量程）。根据工作电路中恒压源输出电流的大小，旋动恒流调节电位器，预置至略大于该值的适当位置。按下工作选择开关的"V"键，调节电压调节电位器的粗调（COARSE）及细调（FINE）旋钮，此时电压的大小将由面板上的 $3\frac{1}{2}$ 数字表显示。按下输出开关（OUTPUT），即可在输出端得到所需电压。

（3）稳流工作：根据工作电路中恒流源两端电压的大小，将恒压调节旋钮预置在略大于该值的适当位置。按下"A"键，把输出端短接后，接通输出开关，调节电流调节电位器（CURRENT）至所需电流值，其大小将由数字表显示。若向外电路供电，需关断输出开关，拆除输出端短接线，接好负载后，重新按下输出开关，电源即以所调恒流值向外输出。红色接线柱对应电流输出端。

（4）面板上装有仪表转换开关，用以选择显示左、右哪一路的电压值或电流值。

（5）关机时先关断输出开关，再关电源。

3. 注意事项

（1）本仪器设有专门的输出开关（OUTPUT）。稳压工作时，不按此开关，数字表即显示电压调节值，因此可方便地进行电压预调节。另外使用中，不论稳压还是稳流工作，如暂时不需要输出或更改外电路时，只需关断输出开关，而不必关断仪器电源，使仪器工作更为稳定。

（2）本仪器是 CV/CC 交叉系统电源，有恒压和恒流的自动切换功能，并以它作为稳压电源的过流保护和稳流电源的过压保护。

作稳压电源时，输出电流只要不超过电流的预置值，仪器均可保持正常的恒压输出。但是，当负载电阻减小，输出电流大于所调电流预置值时，仪器将自动由恒压（CV）转至恒流（CC）模式工作。此时，输出电流为预置值，即使负载电阻再减小也保持不变。从而有效的保护了仪器、负载不致过载。如发现上述情况，应立即检查电路。如系短路引起应排除故障，如系预置电流偏小引起，可顺时针旋动恒流调节电位器，适当增大预置值，即可恢复正常恒压工作。

作稳流电源时情况类似。当恒流源两端电压大于电压预置值时，仪器也将由自动恒流（CC）转至恒压（CV）模式工作。负载电阻再增大，两端电压也将保持在预置值上不变，起到了过压保护的功能。此时，应检查电路，采取相应措施，可恢复正常的稳流工作。

使用中，应避免稳压电源短路，稳流电源开路。

（二）HH1710/HH1711 稳压稳流电源

该电源的工作原理与 DH1715-3 型稳压稳流电源基本相同，参照 DH1715-3 型稳压稳流电源的使用方法及注意事项。

（三）SS1792 可跟踪直流稳定电源

SS1792 可跟踪直流稳定电源的主要特点是稳压、稳流、连续可调，稳压-稳流两种工作状态可随负载的变化自动切换。该电源有独立、跟踪、串联、并联四种工作方式可实现主、从两路电源的串联、并联及主从跟踪等功能。SS1792 面板图如图 5-2-9 所示。

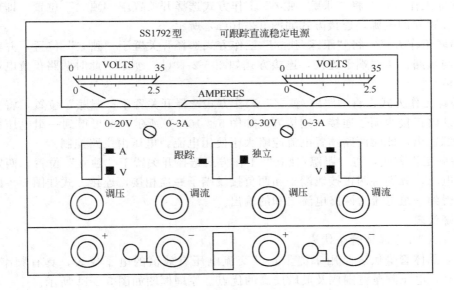

图 5-2-9　SS1792 面板图

1. 主要技术指标

输出电压　0～30V 连续可调。

最大输出电流　两路均为 3A。

周期与随机偏移　稳压（CV）≤1mV。

　　　　　　　　稳流（CC）≤3mA。

跟踪不平衡度　≤$2\times10^{-3}+10$mV。

工作时间　连续工作。

电源电压　220V±10%，50Hz±5%。

2. 使用方法（以直流稳压电源为例）

（1）接通电源，置电源开关为"开"的位置，预热 15min。

（2）调节调压旋钮，调整稳压输出值，电压表指示输出电压值。

(3) 将跟踪独立工作方式选择键，置"独立"时，两路输出各自独立。置"跟踪"时，两路为串联跟踪方式（或两路对称输出工作状态）。

(4) 将表头功能选择键置"V"，作为电压指示（置"I"时，为电流指示）。

(5) 输出有四种工作方式，如图 5-2-10 所示。

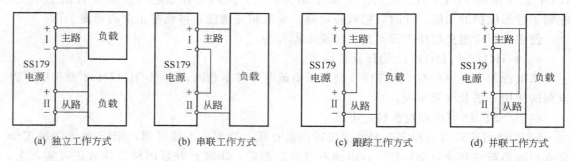

图 5-2-10　输出工作方式

① 独立工作方式：将"跟踪/独立"工作方式选择开关置于"独立"位置，即可得到两路输出相互独立的电源，连接方式如图 5-2-10(a) 所示。

② 串联工作方式：将"跟踪/独立"工作方式选择开关置于"独立"位置，并将主路负接线端子与从路正接线端子连接，连接方式如图 5-2-10(b) 所示，此时两路预置电流应略大于使用电流。

③ 跟踪工作方式：将"跟踪/独立"工作方式选择开关置于"跟踪"位置，将主路负接线端子与从路正接线端子连接，连接方式如图 5-2-10(c) 所示，即可得到一组电压相同极性相反的电源输出，此时两路预置电流应略大于使用电流，电压由主路控制。

④ 并联工作方式：将"跟踪/独立"工作方式选择开关置于"独立"位置，两路电压都调至使用电压，分别将两正接线端子和两负接线端子并连相接，连接方式如图 5-2-10(d) 所示，便可得到一组电流为两路电流之和的输出。

五、毫伏表

（一）DA-16 型晶体管毫伏表

DA-16 晶体管毫伏表是用来测量正弦交流电压有效值的电子仪表，具有频率范围宽，输入阻抗高，电压测量范围广及灵敏度高的优点。原理框图如图 5-2-11 所示。

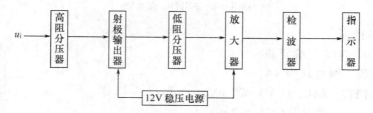

图 5-2-11　DA-16 晶体管毫伏表原理框图

1. 主要技术性能

测量交流电压范围　1mV～300V

量程　0～1、3、10、30、100、300mV，

　　　1、3、10、30、300V 共 11 挡

测量精度　±3%

被测电压的频率范围　20Hz～1MHz

输入阻抗　1mV～0.3V 时约 70pF；

　　　　　1～300V 时约 50pF

电源　220V±10%，50Hz

2. 结构原理

交流信号经高阻分压器、射极输出器、低阻分压器后送到放大器，放大后的信号再经检波器检波后由指示器指示，低阻分压器选择不同的分压系数，使仪表具有不同的量程。

输入级采用低噪声晶体管组成的射极输出器，提高了仪表的输入阻抗，降低噪声。放大器具有高放大倍数，从而提高仪表的灵敏度。

3. 使用及注意事项（晶体管毫伏表面板如图 5-2-12 所示）

（1）测量精度以毫伏表表面垂直放置为准。使用时应将仪表垂直放置。

（2）接通～220V，50Hz 电源，测量前将输入端短路，打开"电源"开关，待表针摆动稳定时，选择量程，旋转"调零"旋钮，使指针指零。若改换量程，需重新调零。

（3）使用仪表与被测线路必须"共地"。

（4）由于仪表灵敏度较高，在测量时先接地线，后接信号线。测量结束时，先拆信号线，后拆地线。在使用 100mV 以下量程时，尤其要注意，应尽量避免输入端开路，以防止外界干扰造成打表针的现象。

（5）暂不测试时，将表输入端短路或将量程开关旋到 3V 以上量程。

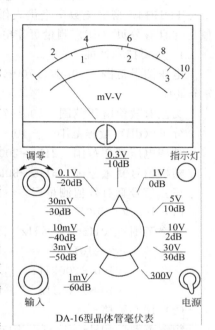

图 5-2-12　晶体管毫伏表面板图

（6）选择合适的量程，可减少测量误差。一般使指针在满刻度 1/3 以上。

（二）HG2172 型交流毫伏表

HG2172 型交流毫伏表是一种高灵敏度的交流电压测量仪表，能测量 100μV～300V、5Hz～2MHz 的正弦波电压，具有使用方便、稳定可靠等特点。

1. 主要技术参数

电压测量范围　100μV～300V（共 12 挡）

量程　1、3、10、30、100、300mV，1、3、10、30、100、300V

电平测量范围　−60～+50dB（共 12 挡）

量程　−60、−50、−40、−30、−20、−10dB，0、+10、+20、+30、+40、+50dB

频率范围　5Hz～2MHz

基本精度　≤±3%（在环境温度 20℃±5℃，以 1kHz 为基准）

频率响应特性（以 1kHz 为基准）

　　30Hz～100kHz　±3%

　　20Hz～200kHz　±5%

　　5Hz～2MHz　　±10%

输入电阻　10MΩ±10%
输入电容　<45pF（1～300mV）
　　　　　<25pF（1～300V）
最大输入电压　交流（峰值）+直流=600
电源电压　交流220V±10%

2. 使用及注意事项

开机之前注意调整表头机械零点，其余使用注意事项可参照DA-6型晶体管毫伏表。

（三）TD1914C型交流数字毫伏表

TD1914C型交流数字毫伏表作为通用仪器，可测量正弦电压及各种随机信号的真有效值，并且有分贝（dB）测量可作电平指示，其测量结果均以数字显示。

1. 主要技术性能

电压测量范围　10mV、100mV、1V、10V、100V、500V、1000V（附设量程），共分7个量程

交流有效值电压范围　100～750V

分贝（dB）量程范围　-40～+60dB 分6个量程

被测电压频率范围　2Hz～200kHz

随机信号测量范围　5Hz～30kHz

正弦信号真有效值测量误差

（1）10mV～500V挡

频率范围　10Hz～100kHz　固有误差　±0.5%（读数）±0.2%（满度）
　　　　　2～10Hz　　　　　　　　　　±1%（读数）　±0.5%（满度）
　　　　　100～200kHz　　　　　　　　±1%（读数）　±0.5%（满度）
　　　　　10～200kHz　　　　　500V挡附加　±0.3%（满度）

（2）1000V挡

频率范围　40Hz～1kHz　固有误差　±0.5%（读数）±0.2%（满度）
　　　　　20～40Hz　　　　　　　　　 ±1%（读数）　±0.5%（满度）
　　　　　1～20kHz　　　　　　　　　 ±1%（读数）　±0.5%（满度）

输入阻抗　10mV、100mV、1V量程　约10MΩ//80pF。
　　　　　10V、100V、500V、1000V量程　约1MΩ//80pF。

被测电压允许超载为10mV～500V各量程之满度的10%。

1000V量程允许输入最大峰值电压1000V。

2. 工作原理

本仪器主要由前置放大器，真有效值组件和直流数字表组成。

真有效值组件完成AC/DC转换，即

$$V_{RMS} = \sqrt{\frac{1}{T}\int_0^T V_X^2 dt}$$

式中，V_{RMS}为真有效值；V_X为输入电压。

将交流电压转换成真有效值或将交流电压换算成dB值，再送至直流数值表头。dB极性以正负表示，正极性不显示，负极性显示"-"（负号），直流数字表头由大规模集成电路组成。

3. 使用方法（前面板图见图5-2-13）

（1）使用本仪器提供的专用输入线，将输入端短路。

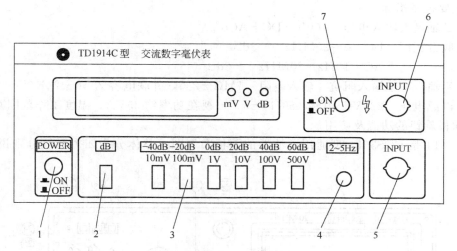

图 5-2-13　前面板图

1—电源开关；2—dB 选择开关；3—量程选择开关；4—低频滤波开关（当频率小于 5Hz 时使用）；
5—500V 以下测量输入端；6—1000V 测量输入端；7—1000V 量程选择开关

（2）按下 10mV 量程选择开关、dB 键和 1000V 键呈初始状态。

（3）接通电源开关，这时数码管除首位外其余应然亮。

（4）15min 后调节后面板调零电位器 RP_5（ZERO），使最后一位数字显示为零，10mV 挡允许有一个字。

（5）这时即可测量交流电压真有效值，本仪器各量程（除 1000V 以外）约可超量程 10% 不影响测量精度。

（6）测量较低频率（约 5Hz 以下）的交流电压时，使用面板的 SLOW 按键，按键按下响应时间延长，可提高测量结果的稳定性。当被测信号为 2Hz 时，测量结果的建立时间不大于 2min。

（7）当量程超载时，最高位显示"1"，其他显示熄灭或为"999"，应立即转到高挡位量程测量。

（8）测量分贝（dB）值时，按下"dB"键，电平 dB 值读出结果为数码管显示值与量程开关上的指示值两者代数和。如若量程开关为 20dB，显示值为－4.0，则输入值对于 0dB 为＋16dB。

4．注意事项

（1）用 10mV 及 100mV 挡不应引入感性电压，否则引起放大器饱和造成过载指示。处于饱和时，需等待一会儿，待放大器退出饱和后才能正常工作。

（2）仪器数字显示分贝（dB）有效范围为－20～＋3dB。当超过此范围时，要合理选择量程。如：在 0dB 量程测量时，若显示－22.0 则应改用－20dB 量程；若显示 4.0，则改用 20dB 量程。

六、示波器

（一）COS5020 型通用示波器

示波器是一种综合性的电信号测试仪器，用它可以直接观察到信号的波形，测量信号的幅度、相位、频率等。COS5020 型通用示波器是一种双通道示波器，可双踪显示两路信号波形。示波器采用触发扫描方式，并装有触发电平锁定电路，省略了复杂的触发调整过程，波形显示稳定。

1. 主要技术指标

(1) Y 轴最大输入电压 400V (DC+ACp-p)

(2) 频带宽度 DC 0～20MHz －3dB

　　　　　　AC 10Hz～20MHz －3dB

(3) X 轴、Y 轴输入阻抗 输入电阻 1MΩ±2%，并联电容 25pF±2pF

(4) 电源电压 220V±10%，50Hz±5%，视在功率约 35VA，温度工作范围 0～40℃

2. 面板旋钮的功能及使用

图 5-2-14 是 COS5020 型通用示波器的面板布置图，整体分为四个系统分别说明之。

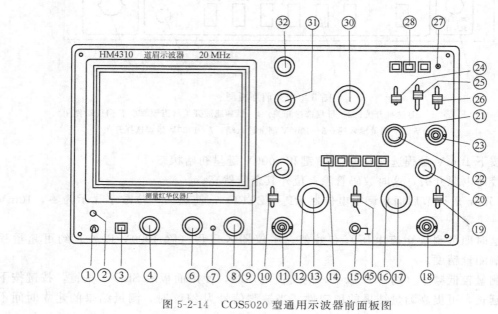

图 5-2-14 COS5020 型通用示波器前面板图

显示系统

③为电源开关（POWER）；④为辉度（INTEN）；⑥为聚焦（FOCUS）；⑧为标尺亮度（ILLUM）。

垂直（Y）偏转系统

⑪为 CH1 输入孔。Ⅰ通道的垂直信号输入插孔，在 X-Y 工作方式时为 X 轴输入端。

⑱为 CH2 输入孔。Ⅱ通道的垂直信号输入插孔，在 X-Y 工作方式时为 Y 轴输入端。

⑩、⑲为 AC—⊥—DC 开关。用于选择输入信号与示波器内垂直放大器的连接方式。其中"AC"为交流耦合，用于观察信号的交流成分。"DC"为直流耦合，用于观察含有直流分量的信号。"⊥"为放大器输入端提供接地，可用来检查"地"电位的基线位置。

⑫、⑯为垂直衰减开关。控制图像在 Y 轴方向幅度的变化，以偏转因数 V/cm 表示，有 5mV/cm～5V/cm 共十挡。⑬、⑰为微调旋钮。需要注意：微调旋钮顺时针旋到底是校准位置，此时垂直衰减开关各挡位的偏转因数才是准确的。微调旋钮拉出时，垂直衰减开关指示值为面板指示值的 1/5（即拉出×5）。

⑨、⑳为垂直位移（POSITION）。调节图像的垂直位置。

⑭为 Y 方式开关（VERTICE MODE）。选择垂直系统的工作方式。有"CH1"、"CH2"、"ALT""CHOP""ADD"五种显示方式。其中，"CH1"、"CH2"分别是Ⅰ通道、Ⅱ通道

单独工作，即单踪显示。"ALT"（交替）与"CHOP"（断续）为双通道工作，双踪显示。"ADD"（相加）用来测量双通道信号之和，若 CH2 旋钮拉出，则为两信号之差。

"ALT"方式下，随着扫描节拍交替显示两路信号。可见，当扫描频率低时，会产生闪烁现象。同时，为了使每个信号至少有一个完整的周期被显示，输入信号的重复频率不应低于扫描频率。因此，"ALT"方式适用于观察频率较高的信号。

"CHOP"方式是每次扫描过程中，电子开关以 250kHz 的频率轮流转接两路信号到 Y 轴两个偏转板。每转接一次，只能扫描被测信号的一小段，所以屏幕上显示的实质上是由许多小段组成，是断续的。只有在扫描频率比 250kHz 低得多的信号时，间断的亮线较密集，看上去才像连续的。因此，该方式适用于观察频率较低的信号。

水平（X）偏转系统

㉚为时基开关。用扫描时间因数 t/cm 表示，有 20ns/cm～0.5s/cm，共 20 挡。

㉛为时基微调（VARIABLE）。扫描时间因数的微调，可调至面板指示值的 2.5 倍以上，此旋钮拉出时，处于×10 扩展状态。注意：只有在本旋钮置于"校准"位置时，扫描时间因数才被校准到面板指示值。

㉘为扫描方式开关（SWEEP MODE）。可供三种扫描方式的选择："自动"、"常态"、"单次"。

示波器常用的扫描方式是"自动"（AUTO）。"常态"（NORM）方式主要用于观察低于 50Hz 的信号。"单次"，用于单次扫描。

触发系统

㉖为触发源（SOURE）开关。用于选择触发信号的来源。有"内"、"外"、"电源"三种。

㊺为内触发（INT TRIG）开关，可做进一步选择，用 CH1 或 CH2 输入的信号作触发信号。还可选择"VERT MODE"，即把显示在荧光屏上的输入信号作为触发信号。用此挡时应注意：当 Y 方式用"ALT"交替观察两路信号时，触发信号也随着通道的转换而转换，因此，扫描电压没有共同的相位起点，此时屏幕上显示的两个波形之间的水平位置不能反映两个信号实际的时间关系，所以不能进行时间比较或相位测量，而只用于一般观察彼此没有确定关系的两路信号。要比较两路信号的时间和相位关系，则必须用同一触发信号（即或选用 CH1，或选用 CH2）。通常，应选频率较低的信号通道，在频率相同下，宜选幅度大的作触发信号。此外，"Y 工作方式"若在"CHOP"（断续）位置，则内触发"VERT MODE"无效。

"外"（EXT），由㉓外触发输入端的外加信号作触发信号。

"电源"（LINE），当所观察的信号频率与电源频率一致时，可使用该挡。

㉕为触发耦合方式（COUPLING）开关。用于选择触发信号和触发电路之间的耦合方式。共有"AC"耦合、"HFR"交流耦合、"DC"耦合、"TV"四种方式。一般采用"AC"耦合。

㉒为触发电平(LEVEL)钮。用于选择信号波形的触发电平。当此旋钮置"锁定"位置时，不论信号幅度大小，触发电平自动保持在最佳状态，不需调节触发电平。

㉑为释抑(HOLDOFE)钮。当测量的信号波形复杂时，用电平调节不能稳定触发时，可调节此旋钮使波形稳定。一般情况下，置于"常态"位置（逆时针旋到底）。

①为校准信号。频率为 1kHz，0.5Vp-p 的方波信号。

输入探极：有×1，×10 两个挡位。×10 挡信号衰减 10 倍后输入。

3. 使用方法

用本示波器观察波形时，可参照下述步骤进行。

（1）开机前，先按表 5-2-2 将有关旋钮、开关置于正确位置。

表 5-2-2　面板旋钮的功能及位置设置

项　目	代　号	位　置　设　置
电源开关	③	断开位置
辉度	④	相当于时钟"3 点"位置
聚焦	⑥	中间位置
标尺亮度	⑧	逆时针旋到底
Y 方式	⑭	CH1
垂直位移↑↓	⑨、⑳	中间位置、推进去
V/cm	⑫、⑯	10mV/cm
垂直衰减微调	⑬、⑰	校准（顺时针旋到底）推进去
AC—⊥—DC	⑩⑲	⊥
内触发	㊽	CH1
触发源	㉖	内
耦合	㉕	AC
极性	㉔	＋
电平	㉗	锁定（逆时针旋到底）
释抑	㉑	常态（逆时针旋到底）
扫描方式	㉘	自动
t/cm	㉚	0.5ms/cm
扫描微调	㉛	校准（顺时针旋到底）推进去
←→位移	㉜	中间位置

（2）按下电源开关，指示灯亮，在荧光屏上应看到Ⅰ通道的一条扫描线，若看不到，可适当调节水平、垂直位移，也可检查辉度是否太小，直到出现扫描线并调至合适位置。调节"聚焦"，使之更为清晰。

（3）根据被测信号的性质、大小及频率，正确选择耦合方式"AC—⊥—DC"、垂直衰减开关"V/cm"及扫描时间因数"t/cm"，将各旋钮至合适位置。例如：输入 $f=1{\rm kHz}$，$U_{\rm i}=1{\rm V}$ 的正弦信号，则应将耦合方式置于"AC"；垂直衰减开关置于 0.5V/cm，此时示波管垂直方向的满刻度数为 0.5V/cm×8cm＝4V，可适中显示有效值为 1V 的正弦信号。扫描时间因数可选在 0.2ms/cm。因输入 $T=1/f=1{\rm ms}$，设要观察两个波形，则一次扫描时间应为 $2T$（2ms），所以扫描时间因数＝2ms/10cm＝0.2ms/cm。

（4）输入信号通过探极电缆接至 CH1 输入插孔，此时荧光屏上即可显示稳定波形。如波形不够稳定，可稍微调节触发电平，使之稳定。CH2 通道的使用方法相同。

（5）使用双通道时，参阅前述触发系统的说明，正确选择 Y 方式（即⑭）及"内触发"（即㊽）的挡位位置。

（6）使用完毕关闭电源。

4. 注意事项

示波器双通道的公共端是相通的，在双通道工作时，公共端均应与输入电路的地线相连，防止接线错误造成输入电路电源或局部短路。

使用时，辉度不宜过亮，也不能长期显示某一光点，以免造成屏幕永久性烧伤。面板旋钮不能用力过猛，防止损坏。

本示波器的详细工作特性及其他使用等说明可参阅技术说明书。

（二）TDS 210（220）型数字式实时示波器

TDS210（220）型数字式实时示波器，具有两路信道。通过自动设置功能可自动调整水平和垂直标定，触发的耦合、类型、位置、斜率、电平及方式等设置，从而获得稳定的波形显示。触发信号可从多种信号源得到，并提供边缘触发和视频触发两种触发类型，以及自动、正常和单次触发三种触发方式。采集数据有采样、峰值检测、平均值三种不同的方式。采集模拟数据时，可将其转换成数字形式。示波器的存储器里永久保存五种设置，并可在需要时重新写入设置。

1. 主要技术规格

信号获取方式　取样、峰值检测和平均值。获取率为每秒钟每通道 180 个波形。

输入阻抗　1. $1M\Omega \pm 2\%$，与 $20pF \pm 3pF$ 并联（直流耦合，所有通道）。
　　　　　2. $2M\Omega \pm 5\%$，与 $20pF \pm 5pF$ 并联（直流耦合，仅限外部触发）。

最大输入电压　$300V_{RMS}$（峰值 420V，功率因子 <50%，脉宽 <100ms），在 BNC 信号端与公共端之间。
　　　　　　　$300V_{RMS}$（峰值 500V，功率因子 <35%，脉宽 <100ms）。

灵敏度范围（V/div）　$2mV/div \sim 5V/div$（在输入 BNC 时）。

垂直位移范围　$\pm 2V$（$2 \sim 200mV/div$），
　　　　　　　$\pm 50V$（$>200mV/div \sim 5V/div$）。

水平位移范围　$-4div \times S/div \sim 20ms$（$5 \sim 10ns/div$）
　　　　　　　$-4div \times S/div \sim 50ms$（$25ns/div \sim 100\mu s/div$）
　　　　　　　$-4div \times S/div \sim 50s$（$250\mu s/div \sim 5s/div$）

自动测量：周期均方根值、平均值、峰间值、周期、频率。

电源电压：$100 \sim 120VAC_{RMS}$（$\pm 10\%$）$45 \sim 440Hz$，CAT Ⅱ，
　　　　　$120 \sim 240VAC_{RMS}$（$\pm 10\%$）$45 \sim 66Hz$，CAT Ⅱ，
　　　　　耗电量小于 20W。环境温度：$0 \sim +50℃$。

本示波器还可以预设视频触发，并支持任何场频或行频的 NTSC、PAL 和 SECAM 广播系统。

2. 面板各控制钮的作用及基本操作常识

前面板（见图 5-2-15）分为若干功能区，下面分别说明各种控制钮以及屏幕上显示的信息。

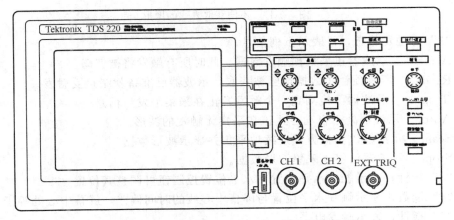

图 5-2-15　TDS210 型（TD220 型）示波器前面板图

显示区

图 5-2-16 为显示区示意图。其中除了波形以外，还包括许多有关波形和仪器控制设定

值的细节。

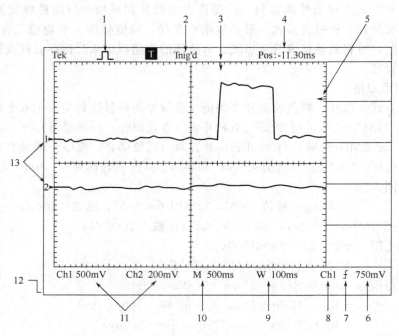

图 5-2-16 显示区

（1）"1"为不同的图形时表示不同的获取方式，如图 5-2-17 所示。

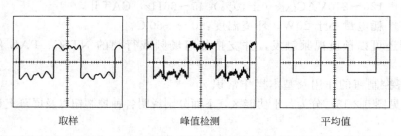

图 5-2-17 不同获取方式的图形

（2）"2"为触发状态，可表示下列信息。

A　Armed.　示波器正采集预触发数据，此时所有触发将被忽略。
R　Ready.　所有预触发数据均已被获取，示波器已准备就绪接受触发。
T　Tnig'd.　示波器已检测到一个触发，正在采集触发后信息。
R　Auto.　示波器处于自动方式正在采集无触发的波形。
S　Scan.　示波器以扫描方式连续地采集并显示波形数据。
●　Stop.　示波器已停止采集波形数据。

（3）"3"指针，表示触发水平位置，水平位置控制钮可调整其位置。
（4）"4"读数，显示触发水平位置与屏幕中心线的时间偏差，屏幕中心处等于 0。
（5）"5"指针，表示触发电平。
（6）"6"读数，表示触发电平的数值。
（7）"7"图标，表示所选触发类型，则 ⌐ 为上升沿触发；⌐ 为下降沿触发；～ 为行同步视频触发；▩ 为场同步视频触发。

138

（8）"8"读数，表示用以触发的信号源。
（9）"9"读数，表示视窗时基设定值。
（10）"10"读数，表示主时基设定值。
（11）"11"读数，显示了通道的垂直标尺因数。
（12）"12"显示区，短暂地显示在线信息。
（13）"13"在屏指针表示所显示波形的接地基准点。如果没有表明通道的指针，就说明该通道没有被显示。

菜单系统

TDS210系列示波器的用户界面可使用户通过菜单结构简便地实现各项专门功能。按前面板的某一菜单按钮，则与之相应的菜单标题将显示在屏幕的右上方，菜单标题下可有多达5个菜单项。使用每个菜单项右方的BEZEL按钮可改变菜单设置。共有四种类型的菜单项可供改变设置时选择：环形表单，动作按钮，无线电按钮和页面选择如图5-2-18所示。其中反向显示表示被选中的设置。

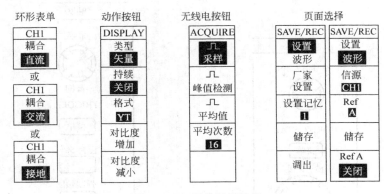

图 5-2-18 菜单设置选择

波形显示

波形显示的获得取决于仪器上的许多设定值。一旦获得波形，即可进行测量。波形将依据其类型以三种不同的形式显示：黑线、灰线、虚线如图5-2-19所示。

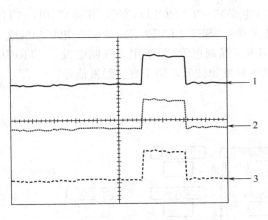

图 5-2-19 三种不同的波形显示

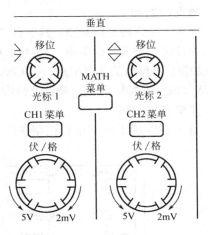

图 5-2-20 垂直控制钮分布图

（1）"1"为黑色实线波形，表示显示的活动波形。获取停止以后，只要引起显示精确度不确定的控制值保持不变,波形将始终保持黑色。

(2)"2"为参考波形和使用显示持续时间功能的波形以灰色线条显示。

(3)"3"为虚线波形,表示波形显示精确度不确定。

垂直控制钮

图 5-2-20 为垂直控制钮分布图。其中有垂直通道的偏转因数(伏/格)可以对输入信号衰减;通道 1、通道 2 及光标 1、光标 2 移位,可在垂直方向上定位波形,或光标移动;通道 1、通道 2 菜单,显示输入通道的菜单;MATH 菜单,可用以显示数学操作菜单并可用来打开或关闭数学波形。

水平控制钮

水平控制钮分布图如图 5-2-21 所示。其中有"POSITION(移位)"钮用于改变水平刻度和波形位置。"水平菜单"钮,显示水平信息。"秒/刻度"钮为主时基或窗口时基选择扫描时间因数。

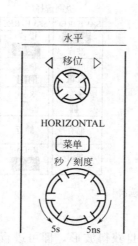

图 5-2-21 水平控制钮分布图

图 5-2-22 触发控制钮

触发控制钮

图 5-2-22 为触发控制钮,其中有"LEVEL(电平)"和"HOLD OFF(释抑)"钮;"TRIGGER MENU(触发功能菜单)"钮显示触发功能菜单;"SET LEVEL TO 50%"钮将触发电平设定在触发信号幅值的垂直中点;"FORC TRIGGER(强制触发)"钮用于强制触发;"TRIGGER VIEW(触发源观察)"钮,按住此钮后,屏幕显示触发源波形,用于观察触发信号。

菜单和控制钮

图 5-2-23 所示为菜单和控制钮。

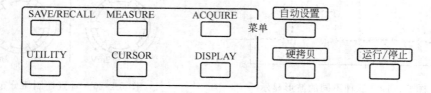

图 5-2-23 菜单和控制钮

(1)"SAVE/RECALL（储存/调出）"钮，用于仪器设置或波形的储存/调出。

(2)"MEASURE（测量）"钮，此按钮可实现自动测量。自动测量周期均方根值、平均值、峰间值、周期、频率。

(3)"ACQUIRE（获取）"钮，显示获取功能菜单，见图 5-2-18 中无线电按钮。

(4)"DISPLAY（显示）"钮，显示显示功能菜单，见图 5-2-18 中动作按钮。

(5)"CURSOR（光标）"钮，显示光标功能菜单。

(6)"UTILITY（辅助功能）"钮，显示辅助功能菜单。

(7)"AUTOSET（自动设置）"钮，自动设定仪器各项控制值，以产生适宜观察的输入信号显示。

(8)"HARDCOPY（硬拷贝）"钮，启动打印操作，需带有 Centronics、RS-232 或 GPIB 端口的扩展模块。

(9)"RUN/STOP（运行/停止）"钮，运行和停止波形获取。

连接器

图 5-2-24 为连接器示意图。其中，"PROBE COMP"是探头补偿器。"CH1"，"CH2"为 CH1、CH2 通道输入端。"EXT TRIG"为外部触发输入连接器。

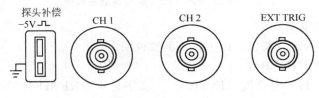

图 5-2-24　连接器

3. 使用方法

使用前做一次快速功能检查，已核实本仪器运行正常。

(1)接通电源，执行所有自检项目，并确认通过自检。

(2)首次将探头与任一输入通道连接时，将 P2100 探头上的开关设定为 10X，并将示波器探头与通道 1 连接，检查所显示波形的形状，如必要，调节探头。

(3)按自动设置钮。几秒钟内，可见到方波显示（1kHz 时约 5V，峰-峰值）。

(4)自校准程序可迅速地使示波器达到最佳状态，以取得最精确的测量值。进行自校准时，应将所有探头或导线与输入连接器断开。然后，按 UTILITY（辅助功能）钮，选择 Do Self Cal（执行自校准），已确认准备就绪。

(5)设定探头衰减系数，按所使用通道的 VERTICAL MENU（垂直功能菜单）钮，然后按 Probe（探头）钮旁的选择钮，直至显示正确的设定值。

(6)将探头连接到信号源，按下自动设置按钮。示波器将自动设置垂直、水平和触发控制。手工调整这些控制使波形显示达到最佳。

(7)选择信号源通道：按下 MEASURE 按钮显示测量菜单，选择信号源及通道。

(8)选择每个通道的测量类型。

(9)测量结果将显示在菜单上。

本示波器的详细工作特性及使用说明等可参阅用户手册。

（三）SS-7802A 示波器的使用

SS-7802A 示波器面板图如图 5-2-25 所示。该示波器的基本功能和 COS5020 型通用示波器大致相同，不同的是该示波器各旋钮的状态均在屏幕上显示。

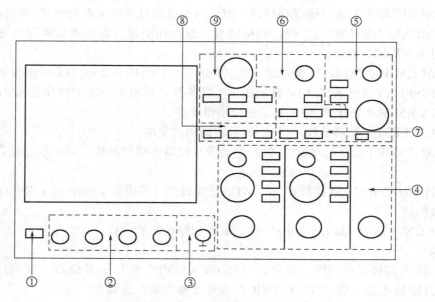

图 5-2-25 SS-7802A 示波器前面板图

1. 主要旋钮使用说明

面板图上①～⑨为各主要区，以下作一简要说明。

① 为电源开关（POWER）。

② 为显示系统。其中有亮度（INTEN）、文字显示（READOUT）、聚焦（FOCUS）、刻度（SCALE）、扫迹旋转（TRACE ROTAETION）等旋钮。

③ 为校准信号与接地端子。其中校准信号接口（CAL）输出：1kHz、0.6V 方波校准信号。

④ 为垂直轴系统。其中，输入接口（CH1/CH2）接输入信号；移位（POSITION）调节垂直位置；通道1、2（CH1，CH2）按下，相应通道工作；Y 轴灵敏度调节及微调〔VOLTS/DIV（VARLABLE）〕钮用于调节 Y 轴通道垂直偏转因数并于屏幕左下角显示。按下再旋转，可做灵敏度微调，但此时不能进行 Y 轴信号幅度测量；直流/交流（DC/AC）钮用于测量直流交流的转换；接地（GND）钮按下后相应输入端接地。

还有，相加（ADD）钮按下后，屏幕显示 Y_1+Y_2 波形。反相（INV）钮按下后，Y_2 波形相反，若此时按 ADD 钮，则屏幕显示 Y_1-Y_2 波形。

⑤ 为水平时基系统。

移位（POSITION）水平位置调节钮。按下移位微调（FINE）钮，可做水平位置微调。时间分度调节（TIME/DIV）钮旋转时，调节选择扫描速度，按下后再旋转，可作微调。扫描时间因数会自动显示在屏幕左上角，单位是 s，ms 或 μs，微调时数值前为 ">" 号，不微调是 "=" 号。

扫速调节（MAG×10）钮按下后，扫描速度放大10倍，屏幕中心波形向左右展开，屏幕右下角显示 MAG。

⑥ 为触发系统。

触发电平（TRIGLEVEL）钮调节触发电平，可使图像稳定。

触发沿选择（SLOPE）钮选择触发沿，一般采用上升沿＋。

触发源选择（SOURCE）开关选择触发信号来源（CH1、CH2、LINE 或 EXT），LINE 是以电源频率作触发源，EXT 为外触发，触发源符号显示在屏幕左上扫描因数后。

每按一次，改变一次。

耦合方式（COUPL）开关选择触发耦合模式（AC、DC、HF-R、LF-R）。

视频触发模式选择（TV）开关选择视频触发模式有 BOTH、ODD、EVEN 或 TV-H。

单次触发状态指示（READY）指示灯亮时，处于单次触发准备状态，触发后灯变暗。

触发指示（TRIGD）灯用灯亮与灭表示。触发脉冲来时灯亮，此时所示的图形才稳定。

⑦ 为水平显示系统

扫描 A 按后将 Y_1 或 Y_2 波形扫描显示出来。

X-Y 按下后，CH1 信号加到 X 轴（水平轴），CH1、CH2 或 ADD 信号加到 Y 轴（垂直轴），用于观察李沙育图形或磁滞回线等。

⑧ 为扫描模式。自动/正常（AUTO 或 NORM）钮，一般采用 AUTO 钮，NORM 适用于沿触发扫描。按下单次（SGL/RST）钮，选择单次扫描状态。

该示波器对输入信号自动进行频率测量，屏幕下方倒数第三行右侧显示的 $f=\cdots$ Hz 为 CH_1 或 CH_2 输入信号的频率。

⑨ 为功能选择键。（FUNCTION）功能选择键，用于光标测量调节，具体使用方法请参阅产品说明书。

2. 屏幕显示的示意图

示意测量数字综合表示如图 5-2-26 所示。

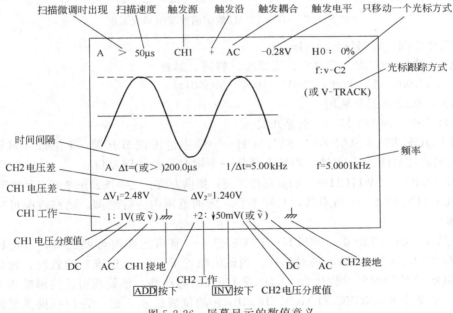

图 5-2-26 屏幕显示的数值意义

屏幕显示的测量数字综合表示如下。

七、函数发生器

（一）GFG-8016G 数值函数发生器

GFG-8016G 数字函数发生器能产生方波、三角波、正弦波、斜波、脉冲等波形。仪器面板如图 5-2-27 所示。

1. 主要特性

最大输出电压值　　　20V_{P-P}

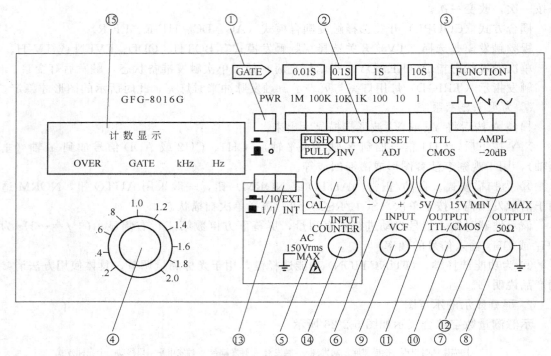

图 5-2-27　GFG-8016G 数字函数发生器面板图

输出频率范围　0.2Hz～2MHz
主要输出波形　方波、三角波、正弦波、斜波、脉冲
电源　AC100，120，220，230V±10%　50/60Hz
2. 面板旋钮的功能及使用
① POWER SWITCH——电源开关
② FREQUENCY RANGE SWITCH——频率范围调节开关，6位数字显示，频率范围从0.2Hz～2MHz，分七挡，当按下任何一个键时，其他键复位。
③ FUNCTION SWITCH——功能选择开关，提供方波、三角波、正弦波三种波形的选择。
④ MULTIPLIER——倍乘器，对频率在一定的范围内进行细调，动态范围可达1000：1（30倍频）。
⑤ DUTY CONTROL WITH INVERT——有可比双向可调旋钮，该旋钮可控制输出波形和TTL、CMOS脉冲的对称性。当该旋钮置于CAL（校准）位置时，输出波形和TTL、CMOS脉冲的时间对称比为50/50或100%的对称性。该旋钮可使波形的半个周期改变，而另一半则由RANGE②和MULTIPLIER④的位置决定。这一特性可提供斜波、脉宽及占空比可调的脉冲及非对称的正弦波。当此开关拉出时，可提供反向控制，即设置反向时间对称性。
⑥ DC OFFSET WITH LEVEL CONTROL——直流补偿控制，当把旋钮拉出时，可调节输出波形的直流电位。
⑦ AMPLITUDE WITH ATT——自动跟踪幅度调节，通过调节该旋钮，放大器控制端对输出波形可提供20dB的衰减。当拉出开关时，又另外提供20dB衰减。
⑧ OUTPUT——信号输出接口，输出$20V_{P-P}$的方波、三角波、正弦波、斜波、脉冲。
⑨ VCF INPUT——压控频率输入，为外部扫描频率的输入提供接口。

⑩ PULSE OUTPUT——脉冲输出，是为驱动 TTL 或 CMOS 逻辑电路而提供 TTL 或 CMOS 输出信号接口。输出脉冲的上升沿和下降沿时间为 10ns。利用 RANGE②、MULIPLER④、DUTY⑤控制旋钮来调节脉冲宽度、重复频率和对称性。

⑪ CMOS LEVEL CONTROL——CMOS 电平控制，该旋钮（拉出）可输出 5～15V 连续可调的 CMOS 电平。该旋钮推进时，输出 5V 的 TTL 脉冲。

⑫ −20dB SELECTOR SWITCH——−20dB 选择键，选择频率计输入灵敏度，按下提供 20dB 的衰减。

⑬ EXT INT SELECTOR SWITCH——外部内部频率测量选择键。

⑭ EXT INPUT CONNECTOR——测量外部信号频率输入接口。

⑮ COUNTER DISPLAY——显示内部或外部频率值。

3. 使用方法

（1）如果输出 $f=1kHz$，$U=1V$ 的正弦波信号，开机前，先按表 5-2-3 将有关旋钮、开关置于正确位置。

（2）打开电源，调节④MULTIPLIER（倍乘器），使⑮COUNTER DISPLAY（计数显示）显示为 1kHz，调节⑦AMPLITUDE WITH ATT（自动跟踪幅度调节），使示波器或交流数字毫伏表测量的数字函数发生器输出的信号幅度为 1V。这样就得到 $f=1kHz$，$U=1V$ 的正弦波信号。

表 5-2-3　旋钮/开关调节表

旋钮/开关	编　号	调　节　方　法
电源	①	断开
频率范围调节开关	②	按下 2kHz 键
功能选择开关	③	选择正弦波
倍乘器	④	处于中间位置
有可比双向可调旋钮	⑤	置于"CAL"校准位置
直流补偿控制	⑥	复位状态
自动跟踪幅度调节	⑦	复位状态
输出接口	⑧	接示波器或交流数字毫伏表
外部内部频率测量选择键	⑬	复位状态

（二）F1631L 功率函数发生器

该仪器是一台具有高稳定性、多功能、直接显示频率和输出电压等特点的功率函数发生器，可直接产生正弦波、三角波、方波和脉冲波，输出的频率即时以 6 位 LED 显示，幅度由 3 位 LED 显示。本仪器还具有 VCF 输入控制功能，TTL 可与 OUT PUT 做同步输出，直流电平可连续调节。频率计可作内部频率显示，也可外测频率。当频率低于 200kHz 时具有功率输出。

1. 主要技术指标

频率范围

电压输出　0.2Hz～2MHz 分七挡，六位 LED 数显

功率输出　0.2Hz～200kHz

波形　正弦波、三角波、方波、脉冲波。

方波前沿　电压输出　小于 100ns

　　　　　功率输出　小于 1μs

正弦波　频率响应　0.2Hz～100kHz　$\leqslant \pm 0.5$dB

　　　　　　　　　100kHz～2MHz　$\leqslant \pm 1$dB

　　　　失真　10Hz～100kHz　$\leqslant 1\%$

TTL 输出电平　高电平大于 2.4V, 低电平小于 0.5V, 能驱动 20 只 TTL 负载。
　　　　　　上升时间　小于等于 40ns
电压输出　输出阻抗　50Ω±10%
　　　　　幅度　大于等于 20Vp-p (空载)
　　　　　衰减　20dB、40dB、60dB
功率输出　输出功率　$10W_{max}$　$f \leqslant 100kHz$
　　　　　　　　　　$5W_{max}$　$f \leqslant 200kHz$
输出幅度　大于等于 20Vp-p
输出指示　三位 LED 数显, 显示功率输出、电压输出峰-峰值, 误差不大于±10%, ±2个字。(功率输出阻抗≥8Ω; 电压输出负载阻抗为 50Ω, 输出幅度值大于最大输出幅度 1/10 时, 负载上的电压峰-峰值应为指示值的 0.5 倍)。
脉冲占空比调节范围　80:20～20:80　$f \leqslant 500kHz$
VCF 输入　输入电压　-5～0V
　　　　　最大压控比　1000:1
　　　　　输出信号　DC～1kHz
频率计　测量范围　1Hz～10MHz, 六位 LED 数显
　　　　闸门时间　0.01s、0.1s、1s、10s 四挡
电源电压　～220V±10%, 50Hz±2Hz, 25V·A

2. 使用方法

DF1631L 功率函数发生器面板图如图 5-2-28 所示, 面板标志说明及功能见表 5-2-4。

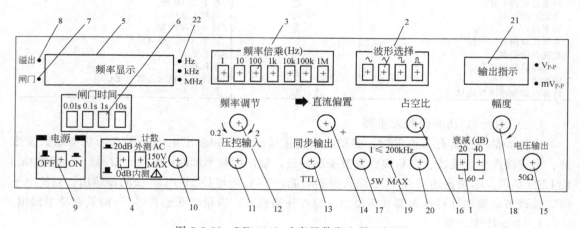

图 5-2-28　DF1631L 功率函数发生器面板图

表 5-2-4　面板标志说明及功能

序号	面板标志	作　用
1	衰减(dB)	(1)按下按钮可产生 20dB 或 40dB 衰减 (2)两只按钮同时按下可产生 60dB 衰减
2	波形选择	(1)输出波形选择 (2)波形选择脉冲波时,与序号 16 配合使用,可以改变脉冲的占空比
3	频率倍乘	频率倍乘开关与序号 12 配合选择工作频率
4	计数	(1)频率计内测和外测频率信号(按下)选择 (2)外测频率信号衰减选择,按下时信号衰减-20dB(当外测信号幅度大于 10Vp-p 时,建议按下衰减)

续表

序号	面板标志	作用
5	频率显示	数字 LED,所以内部产生频率或外测时的频率均由此 6 个 LED 显示
6	频率单位显示	显示信号频率的单位 Hz、kHz、MHz
7	闸门	此灯闪烁,说明频率计正在工作
8	溢出	当频率超过 6 个 LED 所示的范围时灯亮
9	电源	按下开关电源接通,频率计显示
10	计数输入	外测频率时,信号从此输入
11	压控输入	外接电压控制频率输入端
12	频率调节	与序号 3 配合选择工作频率
13	同步输出	输出波形为 TTL 脉冲,可作同步信号
14	直流偏置	拉出此旋钮可设定任何波形电压输出的直流工作点,顺时针方向为正,逆时针方向为负,将此旋钮推进则直流电位为零
15	电压输出	电压输出波形由此输出,阻抗为 50Ω
16	占空比	当序号 2 选择脉冲波时,改变此电位器可以改变脉冲的占空比
18	幅度	调节幅度电位器可以同时改变电压输出和功率输出幅度。为保证输出指示的精度,当需要输出幅度小于信号源最大输出幅度的 10% 时,建议使用衰减器
17 19 20	功率输出	当频率低于 200kHz 时,信号从序号 17、20 输出且序号 19 输出指示发光二极管亮;当频率高于 200kHz 时,则反之
21	输出指示	(1)当功率输出有输出,且负载阻抗≥8Ω,电压输出衰减器不按下时,显示该输出端的输出电压峰-峰值 (2)当电压输出端负载阻抗为 50Ω,输出电压峰-峰值为显示值的 0.5 倍,若负载 R_L 变化时,则输出电压峰-峰值=$[R_L/(50+R_L)]×$显示值
22	闸门时间	选择不同的闸门时间,可以改变显示信号频率的分辨率

附录 A 可编程序控制器简介

一、OMRON C 系列 P 型机的通道分配

OMRON C 系列 P 型机主机有 C20P、C28P、C40P 及 C60P 等多种机型。C28P 主机输入点为 16，输出点为 12。P 型机的 I/O 是开关型的，其信号只有简单的开、关两种状态。

OMRON C 系列 P 型机使用通道的概念给每个继电器编号，其编号用四位十进制数来表示，前两位表示通道号，后两位表示该通道的第几个继电器。每个通道有 16 个继电器，编号为 00～15。例如 "0000" 表示第 00 通道内的第一个继电器；"0410" 表示第 04 通道内的第十一个继电器。

P 型机的通道分配是固定的，00～04 通道是输入通道，05～09 通道是输出通道。C28P 主机的输入为 16 点，是 00 通道的 0000～0015，输出点为 12 个，是 05 通道的 0500～0511。

P 型机除输入输出继电器外，还有内部继电器。内部继电器不能直接控制外部设备，它相当于中间继电器。P 型机有 138 个内部继电器，其通道号为 10～18，继电器号为 1000～1807。

保持继电器 HR，共有 160 个，分为 00～09 共 10 个通道，每个通道 16 个继电器，保持继电器的通道号为 HR0000～HR0915。暂存继电器 TR 共有 8 个，编号为 TR00～TR07。继电器 1808～1805 及 1900～1907 是专用内部辅助继电器。

P 型机能提供 48 个定时器或 48 个计算器或总数不超过 48 的定时器和计数器的组合。定时器或计数器的编号范围是 00～47，用以识别定时器或计数器。在给定时器或计数器的编号时，应注意不能给定时器和计数器相同的编号。

二、OMRON C 系列 P 型 PC 常用编程器

OMRON C 系列 P 型 PC 最常用的编程器，只有助记符程序才能进入到 PC 的存储器中。

编程器的外形如图 A-1。

编程器主要有以下几部分组成。

1. 液晶显示屏

主要用来显示编程器工作方式、器件操作状态、指令地址及指令代码等。它只能显示助记符代码，不能直接显示梯形图。

2. 工作方式开关

通过工作方式开关可以选择 PC 的工作方式：RUN、MONITOR、PROGRAM。RUN 方式时 PC 运行内存中程序；MONITOR 方式可直接监视操作的执行情况；PROGRAM 方式是 PC 的编程方式。

3. 键盘

编程器的键盘按功能可分为四个部分。

(1) 十个数字键。十个数字键 0、1、2、3、4、5、6、7、8、9，用来输入程序地址、定时值、计数值及其他类型的数字。与 SHIFT 键配合使用还可以输入十六进制数 A、B、C、D、E、F。

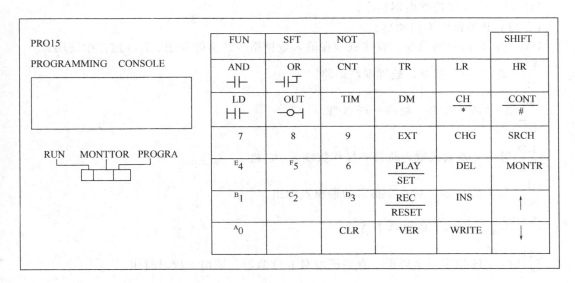

图 A-1 编程器

(2) 清除键。CLR 键用于清除。

(3) 编辑键。↑键：每按一次向上的指针键，程序将减一，直到减到程度的起始地址。液晶显示屏上也相应显示出这条指令的情况。

↓键：按向下的指针键，程序将一次一步的增一，每按一次键，显示的程序地址加一。

WRITE 键：编程过程中，写好一个指令及其数据后用 WRITE 键将该指令送到 PC 内存的指定地址上。

$\frac{PLAY}{SET}$ 键：运行调定键。如改变继电器的状态，由 OFF 变成 ON，或清除程序等均用此键。

$\frac{REC}{RESET}$ 键：再调、复位键。如改变继电器的状态，由 ON 变成 OFF，或清除程序等均用此键。

MONTR 键：监控键，用于监控、准备、清除程序等。

INS 键：插入键，插入程序时使用。

DEL 键：删除键，删除程序时使用。

SRCH 键：检索键，在检索指定指令、继电器接点时使用。

CHG 键：变换键，改变定时或计数时使用。

VER 键：检验接收键，检验磁带等来的程序时用。

EXT 键：外引键，启用磁带等外来程序时用。

(4) 指令键。SHIFT 键：移位、扩展功能键。用它可形成某键的第二功能。

FUN 键：用于键入某些特殊指令，这些指令是靠按下 FUN 键与适当的数值实现的。

SFT 键：移位键，可送入移位寄存指令。

NOT 键："反"指令，形成相反接点的状态或清除程序时使用。

CNT 键：计数键，CNT 输入计数器指令，其后必须有计数器的数据。

TIM 键：计时键，TIM 输入定时器指令，其后必须有定时的数据。

TR 键：输入暂存继电器指令。

HR 键：输入保持继电器指令。

LR 键：P 型机中不用此键。

DM 键：数据存储指令。有些机型在输入数据指令、清除程序、I/O 监控中使用。

$\dfrac{AND}{\dashv\vdash}$ 键："与"指令，处理串联通路。

$\dfrac{OR}{\dashv\vdash}$ 键："或"指令，处理并联通路。

$\dfrac{LD}{\dashv\vdash}$ 键：开始输入键，将第一操作数输入 PC 机。

$\dfrac{OUT}{\dashv\circ\vdash}$ 键：输出键，对一个指定的输出点输出。

$\dfrac{CONT}{*}$ 键：CONT 检索一个节点。

$\dfrac{CH}{*}$ 键：CH 指定一个通道。有些机型对 I/O 监控、读出、校对时用。

三、PC 机的一般使用步骤

(1) 确定控制系统或设备及其控制要求。

(2) 对每个输入输出设备进行 I/O 分配。

(3) 编写用户程序。

(4) 将写好的用户程序，利用编程器送入 PC 机的内存，同时将现场的 I/O 装置与 PLC 连接好。

(5) 编辑、调试程序。

(6) 运行程序。

附录 B EWB5.0 简介

第一节 EWB5.0 的基本界面

EWB（Electronics Workbench）是专门用于电子线路仿真和设计的"虚拟电子工作台"，是由加拿大 Interactive Image Technologies 公司在 20 世纪 80 年代末至 90 年代初推出的。它的元器件种类从电阻、电容到模拟、数字集成芯片，从各色开关、各类电源到各种数码管真可谓应有尽有，共达数千种。它在各类分析软件中首先推出了仪表区，这使得仿真变得更为方便和逼真。它采用图形方式创建电路，免去了用文本方式输入的许多麻烦。这些尤其对于非电类的学生在掌握使用上提供了捷径。

它提供了十四种电路的分析方法，还可以设置各种元件故障的仿真，与 SPICE 软件兼容，电路文件还可以直接输出至常见的印制线路板排版软件生成印制电路板等等，为专业的电子线路设计人员提供了种种方便。

一、EWB5.0 的界面组成（如图 B-1 所示）

菜单条：EWB 的菜单条包括 6 个下拉菜单。分别为：File、Edit、Circuit、Analysis、Window 和 Help。这些菜单包括了通常情况下控制 EWB5.0 运行的功能和命令。

工具条：这是 EWB5.0 为用户提供的若干组图形符号，用户只需点击工具条中的相应图标，即可完成某项工作。

元器件及仪表库栏：EWB5.0 为用户提供了大量虚拟的元器件和部分常用的仪器，极大地方便了用户的使用。常用的仪表区正是 EWB 有别于其他软件的优点之一，使用户可以方便地模拟电子技术中的各类实验。其中右上角为"启动/停止"开关，Pause 为暂停开关。

二、EWB5.0 的菜单

（一）菜单命令

打开任何一个菜单命令，均会出现一个下拉菜单。

(1) 文件命令（File）包括打开、保存、打印等。见图 B-2(a)。

(2) 编辑命令（Eidt）包括剪切、拷贝、复制等。见图 B-2(b)。

(3) 电路命令（Circuit）包括循环、翻转、创建子电路等。见图 B-2(c)。

(4) 分析命令（Analysic）包括激活、暂停、停止、DC 工作点分析、AC 频率等。见图 B-2(d)。

(5) 窗口命令（Window）包括 Workbench 显示窗口布局的命令。见图 B-2(e)。

(6) 帮助命令（Help）复合帮助信息，见图 B-2(f)。

其中文件命令、编辑命令、窗口命令和帮助命令大体同大家熟知的计算机常用的各种应用软件，此处不作专门介绍。下面对电子线路分析软件中常用的电路命令和分析命令中有关内容做一简单介绍。

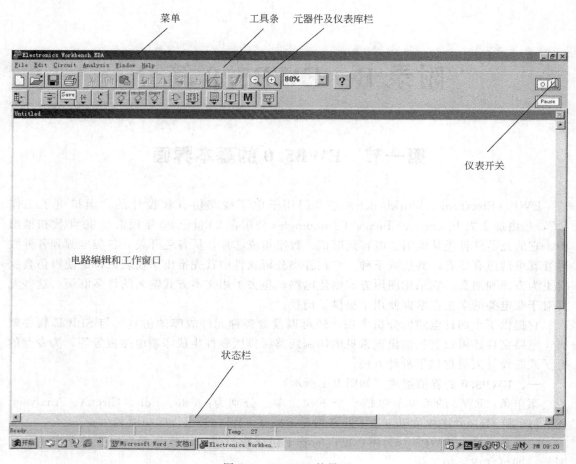

图 B-1　EWB5.0 的界面

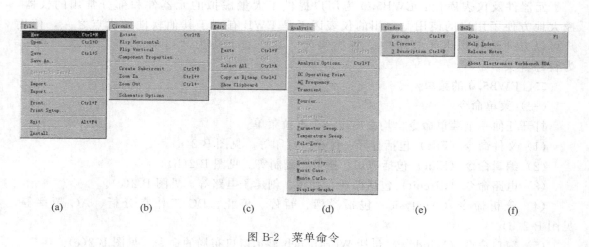

图 B-2　菜单命令

(二) 电路命令

点击菜单条中 Circuit 命令，会自动下拉一菜单如图 B-3 所示。

其中创建子电路（Create Subcircuit）命令有效地创建了一个完整的电路。子电路的组成可以是一个电路中的部分或全部，具体步骤如下。

（1）用鼠标画一个虚线框，选中你所需建的子电路范围。

（2）点击电路命令，选中其中 Create Subcircuit。

（3）这时屏幕上会弹出一个对话框，让你选定组成方法。组成的方法有三种，一是从原电路中复制，二是从原电路中剪切，三是在原电路中重新定位。重新定位即是用一个标注子电路名称的矩形来替代原电路中的具体电路。

（4）这时你所创建的子电路将被存放到默认的文件夹中。

通过这些步骤后，新创建的子电路就如同一个"文件"，可以随时调用。调用时只需点击元器件仪表库栏的最左端 Favorities，Favorities 会弹出一窗口，将窗口中 IC 子电路模板的图标拖至工作窗口。用鼠标左键双击 IC，将会弹出一窗口，子电路列表供你选用。这里要提醒的是，子电路只能在当前电路中选用，若想用于其他电路，则可采用拷贝，粘贴等手段。

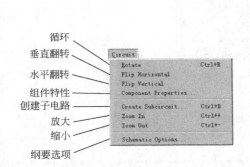

图 B-3　电路命令

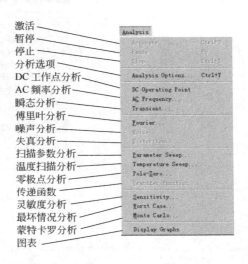

图 B-4　分析命令

（三）分析命令

点击菜单条中 Analysis，就会自动下拉一菜单命令如图 B-4 所示。

其中"分析选项"为设置各种分析参数，共分 5 个分设置的对话框。有总体分析选择（Global）直流分析选择（DC）、瞬态分析选择（Transient）、器件分析选择（Device）、仪器分析选择（Instruments）。譬如在仪器分析选择对话框中，你可以选定每屏显示后是否暂停？最小时间点数，最大时间点数，每周期的显示点数等等，十分详细。一般可以选用默认值，也可以按需要调整这些参数。

"DC 工作点分析"将可以给出所选定的各节点电压数，电源支路的电流数等。

"AC 频率分析"将可以给出电路的幅频和相频特性。

"瞬态分析"将以用户认定的初始值开始，给出你所选定的节点电压波形图。这和用示波器连至该节点的结果相同，但用瞬态分析方法将可以更仔细地观察到波形起始部分的变化。

有关对电路性能更为详尽的分析还有"傅里叶分析"、"噪声分析"、"失真分析"……具体使用方法可以参阅有关书籍，此处不再一一赘述。下面以分压式偏置电路为例讲讲常用的直流、交流分析方法。

1. DC 工作点分析步骤

（1）调出所要分析的分压式偏置电路。

（2）点击菜单中电路命令，选中其中 Schematic Options。屏幕即弹出对话框如图 B-5 所示，选中其中的 Show Nodes 把电路的节点标志（ID）显示在电路上。

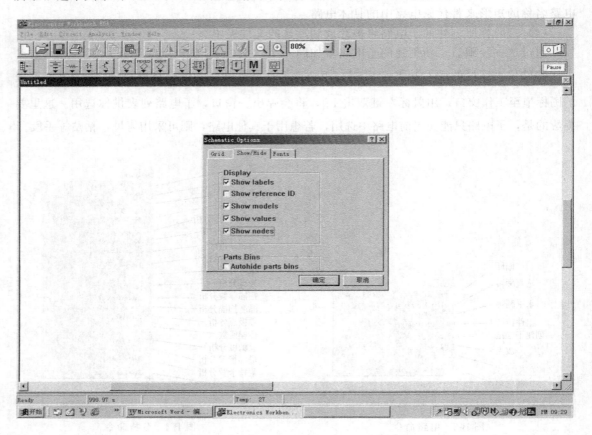

图 B-5　电路图显示对话框

（3）再点击菜单中分析命令，选中其中 DC Operating Point，再点击 Display Graph，则 EWB 就会弹出一个图框，其中将电路直流工作点的分析结果：各节点的电压值，电源支路的电流列表显示，如图 B-6 所示。

2. AC 频率分析步骤

（1）打开菜单中 Analysis 命令，点击 AC freguency。屏幕弹出如图 B-7 所示的对话框。在对话框中确定扫描的起始频率和终点频率，分析的节点具体可以通过 Add（加入）和 Reve（移去）来调整，其他一般采用默认值。

（2）点击 Simulate（仿真）键，即可在显示屏上获得电路的幅频和相频特性。如图 B-8 所示。

三、EWB5.0 的工具条

EWB5.0 的工具条如图 B-9 所示。

其中，子电路——创建子电路，等同于菜单 Circuit 中 Create Subcircuit 的命令。

显示图表——调出图表，等同于打开电路中连接的示波器、波特图仪。

元件特性——调出元器件特性对话框，等同于针对被选中的元件双击鼠标左键。

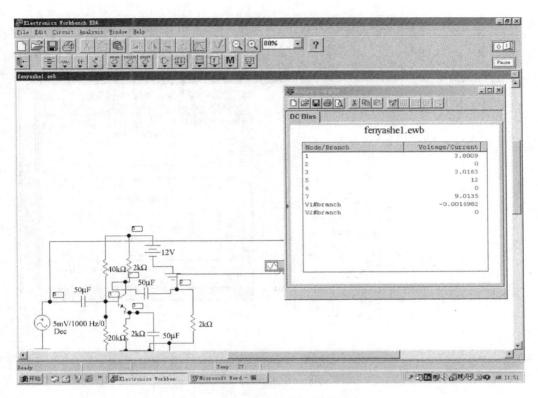

图 B-6　直流工作点分析结果显示

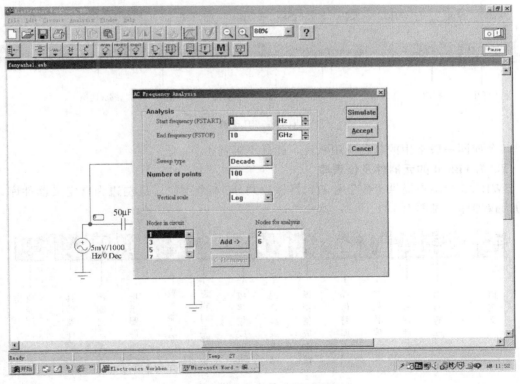

图 B-7　交流频率分析对话框

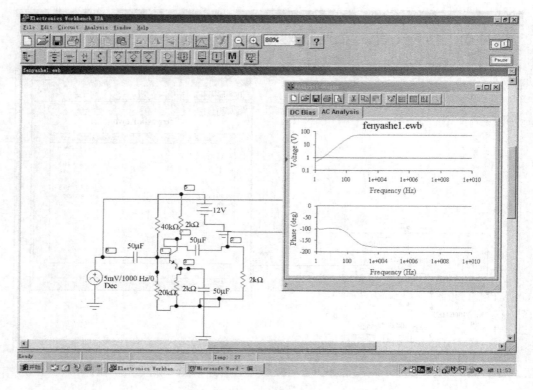

图 B-8 交流频率分析结果

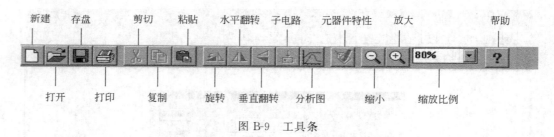

图 B-9 工具条

其余如同一般常用的各种应用软件，此处不再赘述。

四、EWB5.0 的元器件及仪表库

EWB5.0 为用户提供了数千种的元器件，共分 14 个库栏。最左边为自定义器件库，最右边为仪器库（见图 B-10）。

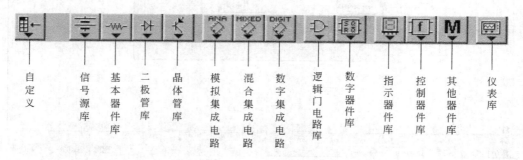

图 B-10 元器件及仪表库

用鼠标点击以上库栏中任何一个，便可打开该库，弹出该库中详细的元器件。
(1) 信号源库，见图 B-11。
(2) 基本器件库，见图 B-12。
(3) 二极管库，见图 B-13。
(4) 晶体管库，见图 B-14。

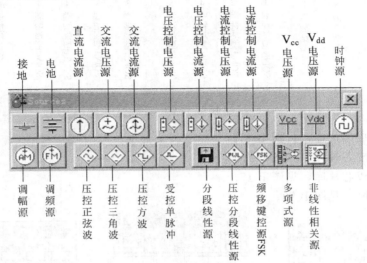

图 B-11 信号源库

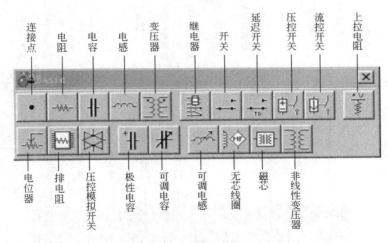

图 B-12 基本器件库

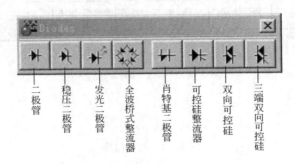

图 B-13 二极管库

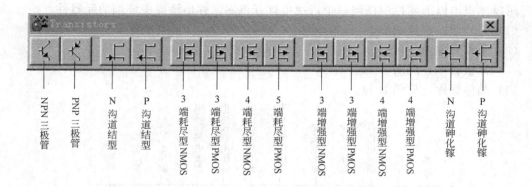

图 B-14　晶体管库

(5) 模拟集成芯片库，见图 B-15。
(6) 混合集成芯片库，见图 B-16。
(7) 数字集成芯片库，见图 B-17。
(8) 逻辑门库，见图 B-18。

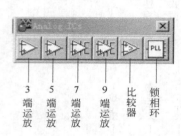　　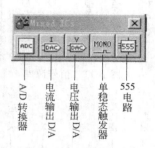　　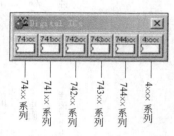

图 B-15　模拟集成芯片库　　图 B-16　混合集成芯片库　　图 B-17　数字集成芯片库

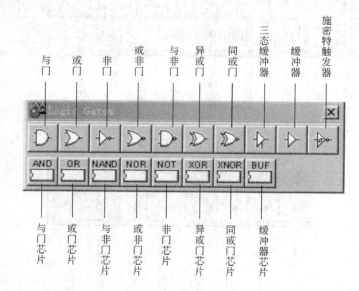

图 B-18　逻辑门库

(9) 数字器件库，见图 B-19。

(10) 指示器件库，见图 B-20。
(11) 控制器件库，见图 B-21。
(12) 其他器件库，见图 B-22。

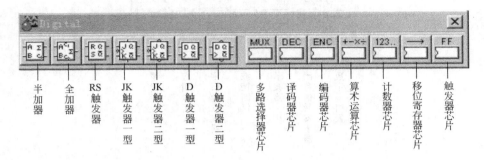

图 B-19 数字器件库

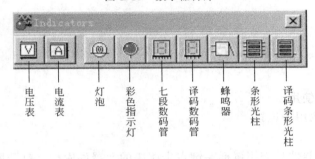

图 B-20 指示器件库

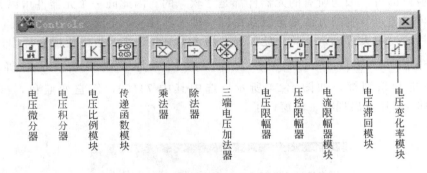

图 B-21 控制器件库

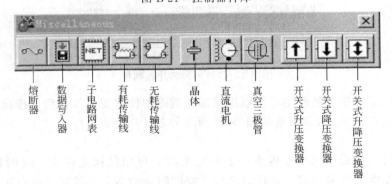

图 B-22 其他器件库

(13) 仪器库,见图 B-23。

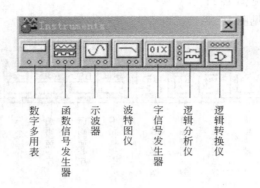

图 B-23 仪器库

第二节 EWB5.0 的使用

一、元器件库的使用

(一) 元器件的取用和连接

1. 取用

对于要取用的元器件只需用鼠标左键点击相应的元器件库栏,打开库栏用鼠标点住该元件拖到工作窗口即可。因为所有的元器件都是"软"的,因此同一个元器件可以无数次的取用。当然也可以通过复制的方法来重复获得同一种元器件。

集成芯片的使用大致也是如此。比如要取用 74LS169,打开数字集成芯片库,用鼠标左键点住其中的 741×× ,将它拖至工作窗口并用鼠标左键双击,这时屏幕上出现一个 741××芯片系列框,如图 B-24 所示。选中其中 74169,使它变蓝色,再点击一下 Accept,74169 芯片就出现在工作窗口了。

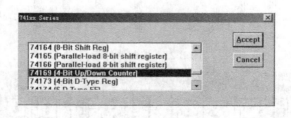

图 B-24 741××芯片系列框

对于 74169 芯片端子的使用,可以用鼠标左键点中使它变成红色后,按鼠标右键,在弹出的对话框中选中 Help 就会出现如图 B-25 所示的芯片功能表。

2. 移动

要移动它时,只需用鼠标左键点一下使它变红,再用鼠标点住它,这时鼠标变成手指形,按住鼠标左键即可拖到窗口的任意部位。要同时移动多个元件时,可以用鼠标按住左键画个虚线框,框内器件都变成红色,这时用鼠标按住其中的任何一个,鼠标变成手指形,就

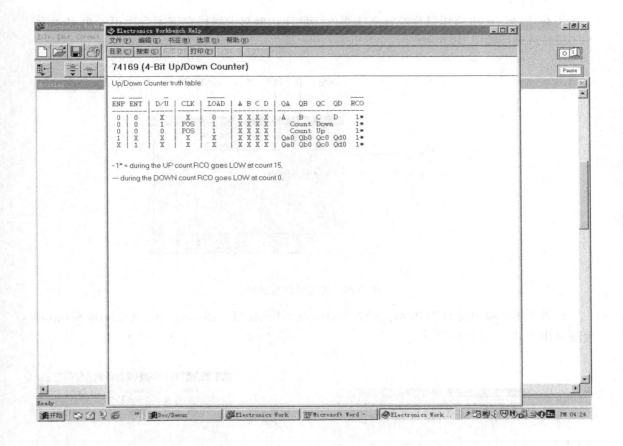

图 B-25　74169 芯片功能表

可以同时移动这部分元器件了。

3．连接

元器件 A 和元器件 B 之间的连接，只需按鼠标的左键点住元器件 A 的一端，注意这时会出现一个黑点，按住鼠标左键不放拖到元器件 B 的一端，同样直到出现黑点再松开鼠标，至此完成了元器件 A 和元器件 B 的连接。工作窗口自动出现一条连线。连线的路径由软件自动给出，和鼠标拖动的路线无关。想要改变连线的路径，可以将鼠标点住连线，当鼠标由单的空心箭头 ⇧ 变成黑色的双向箭头 ↕ 时，可以拖动连线稍做调整。

这里一定要注意的是：每次连接时都必须出现黑点，黑点相当于连接点。若只是将两个元器件拖曳到一起，尽管看似连在一起，由于没有进行连接等于没有连在一起。

值得一提的连接技巧是，当你想在电路中插入一个元器件时只需将该元器件直接拖至连线上即可。

（二）元器件的参数调整

EWB5.0 对每个元件的参数都有一个默认值，一般器件也都处于理想状态。比如电阻的阻值默认值是 1kΩ、温度设定为 27℃ 等。若要改变这些参数，可以通过对话框来调整。下面分别以电阻、二极管、集成运放为例讲一下参数调整。

1. 电阻

对你所选定的电阻用鼠标左键点住变成红色后，再双击鼠标左键就会弹出一个 Properties 的对话框，如图 B-26 所示。

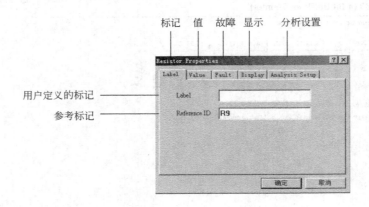

图 B-26　电阻属性对话框

设置 Label 项如图 B-26 所示。设置 Value 项、Fault 项、Display 项、Analysis Setup 项分别见图 B-27～图 B-30 所示。

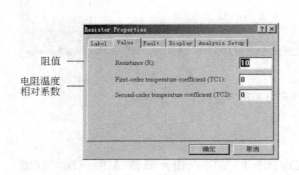
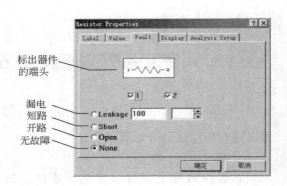

图 B-27　设置 Value 项　　　　　　　　　图 B-28　设置 Fault 项

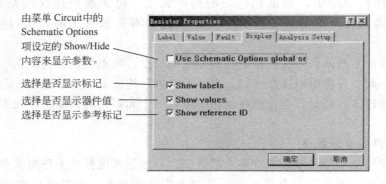

图 B-29　设置 Display 项

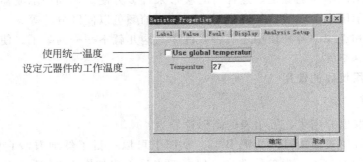

使用统一温度
设定元器件的工作温度

图 B-30　设置 Analysis Setup 项

2．稳压二极管

假如你的电路中需要一个稳压二极管，从二极管库栏中取出后，你应该选定它的型号。和电阻一样使它变红色后，双击鼠标左键会弹出一个 Properties 的对话框。该属性对话框和电阻一样分成五栏，其中 Label、Fault、Display、Analysis Setup 四项和电阻一样。Models 项用于选定稳压二极管的型号，打开该项如图 B-31 所示。在左边选定大类，再从右边选择型号，点击 Accept 键，工作窗口中的稳压二极管的型号就标注在电路图上，该稳压二极管的基本参数同该型号。若取用的是一般二极管，不一定非要具体型号，可以采用理想二极管。

3．集成运放

集成运放的参数选定和二极管相同，它的属性对话框如图 B-32 所示。可以通过该对话框选具体型号，也可以选理想的器件如图 B-32 所示，理想运放为默认值。

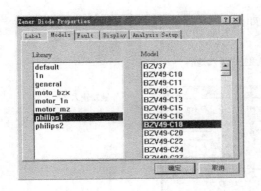

图 B-31　稳压二极管属性对话框

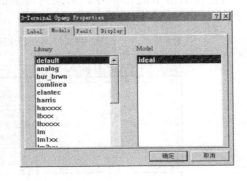

图 B-32　集成运放属性对话框

（三）元器件和连线的删除

要想删除某个元器件或某根连线时，只需选中它（用鼠标点击使元器件变红或连线变粗），直接按 Delete 键或"剪去"即可。也可以选中以后用鼠标右键点击，在弹出的菜单中选中 Delete Component 或 Delete Wire。

若要同时删除若干个元器件，可以用鼠标画个虚线框同时选中，再采用上面的方法。

删除连线最方便的方法是直接将鼠标移到连接点，将黑点拖曳离开元器件，松开鼠标，连线立即消失。

连线还可以采用不同的颜色，这样有时会带来许多方便。比如用示波器时可以将不同波形用不同颜色以示区别。在线比较密集时，用不同的颜色以便区分等等。

有关元器件和连线的各种使用还有许多许多，这儿就不一一列举了。使用时多试、多想一定很快就会熟练掌握。

二、几个常用仪器的使用

（一）万用表

从仪器库里取出万用表，万用表的图形符号为：

用鼠标双击万用表面板打开如图 B-33。从图上可以一目了然地看清它的使用和一般万用表相同。其中的 Settings 为参数选择，鼠标双击后弹出如图 B-34 所示对话框，可以设置测量值的单位。

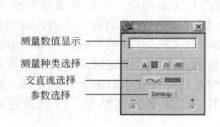
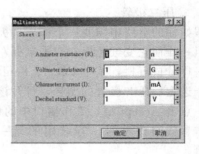

图 B-33　万用表面板　　　　　　　　　图 B-34　万用表参数选择

（二）示波器

仪表库中取出的示波器图形符号为：

用鼠标双击示波器符号，示波器面板被展示如图 B-35 所示。

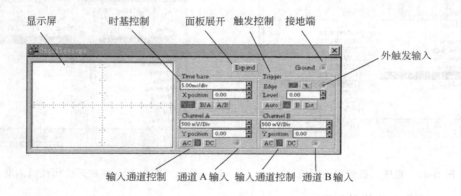

图 B-35　示波器面板

示波器中的时基控制、输入通道控制、触发控制，都和一般示波器一样，此处不再赘述。其中面板的展开键 Expand 用鼠标双击后，示波器的屏幕会进一步的放大，更有利于观察。

（三）信号发生器

信号发生器的图形符号为：

信号发生器可为用户提供正弦波、三角波和方波。用鼠标双击信号发生器的图形符号，信号发生器面板展开如图 B-36 所示。

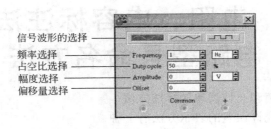

图 B-36　信号发生器面板

EWB5.0 具有完备的分析功能、丰富的器件库、逼真的仿真功能，操作简单、容易掌握、兼容性强等十分显著的优点，是一个不可多得的电子工作平台。利用它可以克服实验室有限的条件，进行各种训练，培养自己设计、分析、创新的能力。利用它可以设计、验证、进行各种分析和故障测试，进行专业电子线路的各种设计工作。此处只是简单地介绍了 EWB5.0 的基本使用方法，仅此作为入门。

附录 C 电阻、电容标注法及集成电路型号命名方法

一、电阻器的标称值和允许误差的标注方法

电阻器的标称值和允许误差的表示方法有三种。

1. 直标法

直接标出电阻值如：—▭— 该电阻为 2Ω。

2. 文字符号法

如：电阻 —▭— 前两位表示有效数字，第三位表示有效数字后 0 的个数（乘以 10 的幂次数）。该电阻为 22kΩ。

3. 色环标注法

色环电阻可分为四环、五环两种标志方法，其中五环色标法常用于精密电阻，如图 C-1 所示。靠近电阻一端有四道色环，第 1、2 两道色环表示电阻值的前两位有效数字，第三道色环表示有效数字后 0 的个数（乘以 10 的幂次数），第四道色环标表示允许误差。表 C-1 列出了色标法中颜色代表的数值及意义。

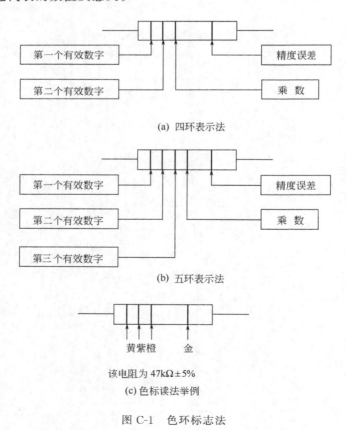

(a) 四环表示法

(b) 五环表示法

该电阻为 47kΩ±5%

(c) 色标读法举例

图 C-1 色环标志法

表 C-1　色标法中颜色代表的数值及意义

色环颜色	黑	棕	红	橙	黄	绿	蓝	紫	灰	白	金	银
对应数字	0	1	2	3	4	5	6	7	8	9	−1	−2
误差/%	—	±1	±2	—	—	±0.5	±0.2	±0.1	—	+5 0−20	±5	±10

注：本色为电阻的保护漆颜色，即无色。其误差为±20%。

二、电容器标称值的标志方法

电容器的容量单位为 pF，nF，μF（有时"F"不标出）。$1F = 10^6 \mu F = 10^9 nF$。

（一）在制图上有如下标注规则

当 $C < 1000pF$ 以 pF 为单位标注。例 220pF。当 $C > 1000pF$ 以 μF 为单位标注。例 $0.047\mu F$。

（二）电容器上电容量标称值的标注规则

1. 文字符号直标法

（1）$C < 1\mu F$ 不写单位，电容量标称值只有整数则为 pF。例：200 则为 200pF；1000 则为 1000pF。

电容量标称值只有小数则为 μF。例：0.01 则为 $0.01\mu F$；0.47 则为 $0.47\mu F$。

（2）$C > 1\mu F$ 需写单位。如：$1\mu F$，$47\mu F$ 等。

2. 代码标志法

对于体积较小的电容器常用三位数字来表示其标称容量值，前两位是标称容量的有效数字，第三位是乘数，表示乘以 10 的幂次数，容量单位是 pF。例：222 为 2200pF；103 为 $0.01\mu F$；104 为 $0.1\mu F$；105 为 $1\mu F$。

3. 极性

电容器中有许多类型的电容器是有极性的，如电解电容、钽电容等，一般极性符号（"+"或"−"）都直接标在相应端脚位置上，有时也用箭头来指明相应端脚。在使用电容器时，要注意不能将极性接反，否则电容器的各种性能都会有所降低，甚至损坏。

三、中国半导体集成电路型号命名方法

根据中国制定的国家标准，半导体集成电路的型号命名方法如下。

器件的型号由五个部分组成：

（1）第 0 部分，用字母表示器件符合国家标准；

（2）第 1 部分，用字母表示器件的类型；

（3）第 2 部分，用阿拉伯数字表示器件的系列和品种代号；

（4）第 3 部分，用字母表示器件的工作温度范围；

（5）第 4 部分，用字母表示器件的封装。

各部分的符号及其意义见表 C-2。

以 CT3020MD（TTL 双 4 输入与非门）为例：

C 表示符合国家标准化；T 表示 TTL 电路；3020 表示肖特基系列双 4 输入与非门；M 表示工作温度为 −55～125℃；D 表示陶瓷双列直插封装。

表 C-2 符号及其意义

第 0 部分 符合国家标准		第 1 部分 器件类型		第 2 部分 系列或品种代号		第 3 部分 工作温度范围		第 4 部分 器件封装形式	
符号	意义	符号	意义	符号	意义	符号	意义	符号	意义
C	中国制造	T	TTL			C	0~70℃	W	陶瓷扁平
		H	HTL			E	−40~85℃	B	塑料扁平
		E	ECL			R	−55~85℃	F	全密封扁平
		C	CMOS			M	−55~125℃	D	陶瓷直插
		F	线性放大器					P	塑料直插
		D	音响,电视电路					J	黑陶瓷直插
		W	稳压器					K	金属菱形
		J	接口电路					T	金属圆形
		B	非线性电路						
		M	存储器						
		μ	微型机电路						

四、集成芯片端子图

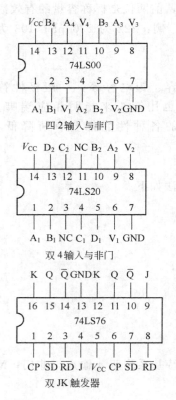

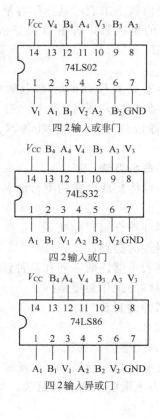

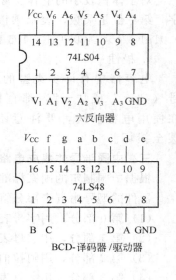

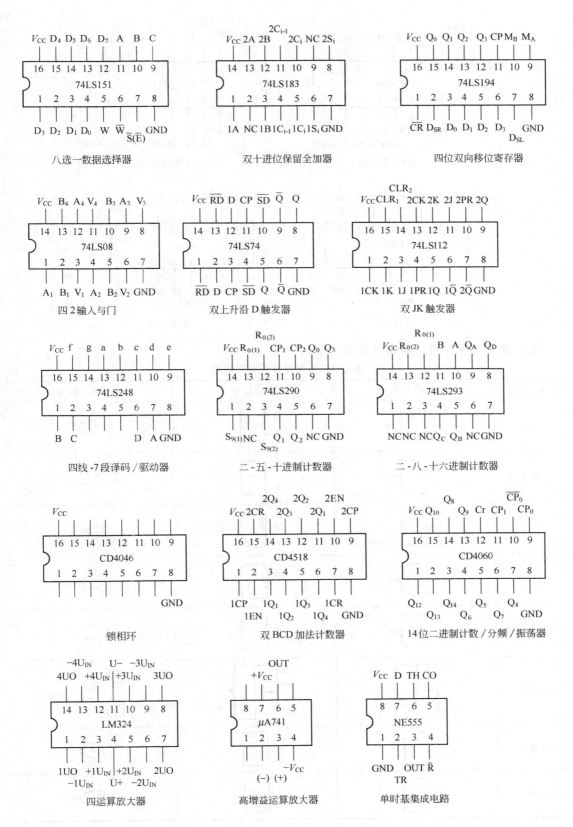

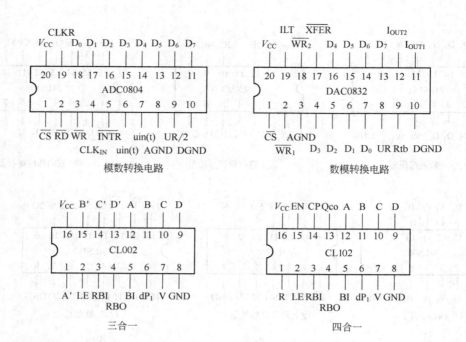

模数转换电路　　　　　　　　　数模转换电路

三合一　　　　　　　　　　　四合一

五、常用逻辑符号对照表（见表 C-3）

表 C-3　常用逻辑符号对照表

名　称	国标符号	曾用符号	国外流行符号
与门	&		
或门	≥1	+	
非门	1		
与非门	&		
或非门	≥1	+	
与或非门	& ≥1	+	
异或门	=1	⊕	
同或门	=	⊙	

续表

名　称	国标符号	曾用符号	国外流行符号
集电极开路的与门	&		
三态输出的非门	1 EN		
传输门	TG	TG	
双向模拟开关	SW	SW	
半加器	Σ CO	HA	HA
全加器	Σ CI CO	FA	FA
基本 RS 触发器	S R	S Q R $\bar{Q}$	S Q R $\bar{Q}$
同步 RS 触发器	1S C1 1R	S Q CP R $\bar{Q}$	S Q CK R $\bar{Q}$
边沿(上升沿) D 触发器	S 1D C1 R	D Q CP $\bar{Q}$	D S_D Q CK $\bar{R}_D \bar{Q}$
边沿(下降沿) JK 触发器	S 1J C1 1K R	J Q CP K $\bar{Q}$	J S_D Q CK K $\bar{R}_D \bar{Q}$
脉冲触发(主从) JK 触发器	S 1J C1 1K R	J Q CP K $\bar{Q}$	J S_D Q CK K $\bar{R}_D \bar{Q}$
带施密特触发特性的与门	&		

参 考 文 献

[1] 邹其洪. 电工电子实验与计算机仿真. 第2版. 北京：电子工业出版社，2008.
[2] 吴根等. 电工学实验教程. 北京：清华大学出版社，2007.
[3] 关宇东. 电工学实验. 哈尔滨：哈尔滨工业大学出版社，2005.
[4] 付家才. 电工实验与实践. 北京：高等教育出版社，2004.
[5] 路勇. 电子电路实验与仿真. 北京：清华大学出版社，2004.
[6] 上海市职业技术教育课程改革与教材建设委员会组. 电子技术基础实验与实训. 北京：机械工业出版社，2002.
[7] 曾建唐，谢祖荣. 电工电子基础实践教程. 北京：机械工业出版社，2002.
[8] 毕满清. 电子技术实验与课程设计. 第2版. 北京：机械工业出版社，2001.
[9] 张玉平. 电子技术实验及电子电路计算机仿真. 北京：北京理工大学出版社，2001.
[10] 陈兆仁. 电子技术基础实验研究与设计. 北京：电子工业出版社，2001.
[11] 钱恭斌，张基宏. Electronics Workbench——实用通信与电子线路的计算机仿真. 北京：电子工业出版社，2001.
[12] 叶淬. 电工电子技术. 第3版. 北京：化学工业出版社，2010.
[13] 沈任元，吴勇. 数字电子技术基础. 北京：机械工业出版社，2000.
[14] 阎石. 数字电子技术基础. 第4版. 北京：高等教育出版社，1998.
[15] 钟长华等. 电子技术选修实验. 北京：清华大学出版社，1995.
[16] 杨长能，林小峰. 可编程序控制器（PC）例题、习题及实验指导. 重庆：重庆大学出版社，1994.
[17] 杨长能，张兴毅. 可编程序控制器（PC）基础和应用. 重庆：重庆大学出版社，1992.